PRINCÍPIOS DO TRATAMENTO BIOLÓGICO
DE ÁGUAS RESIDUÁ

VOLUME 3

2ª Edição Ampliada e A

Lagoas de estabilização

MARCOS VON SPERLING

Belo Horizonte
Departamento de Engenharia Sanitária e Ambiental - DESA
Universidade Federal de Minas Gerais - UFMG

Impressão: Imprensa Universitária da UFMG (31) 3409-5153

Impresso no Brasil

1ª edição: 1996 (tiragem 1.000 exemplares)
2ª impressão: 1997 (tiragem 500 exemplares)
3ª impressão: 1998 (tiragem 1.000 exemplares)
4ª impressão: 2000 (tiragem 1.500 exemplares)
2ª edição: 2002 (tiragem 2.000 exemplares)
2ª impressão: 2006 (tiragem 2.000 exemplares)
3ª impressão: 2009 (tiragem 1.500 exemplares)
4ª impressão: 2011 (tiragem 2.000 exemplares)

Ficha catalográfica

von Sperling, Marcos
V9451 Lagoas de estabilização / Marcos von Sperling. 2.ed. - Belo Horizonte. Departamento de Engenharia Sanitária e Ambiental; Universidade Federal de Minas Gerais; 1986.

196p. - (Princípios do tratamento biológico de águas residuárias; v.3)

1. Lagoas de estabilização. 2. Águas residuárias. - Tratamento biológico. I. Título.

CDU: 628.35
CDD: 628.3

ISBN: 85-85266-06-6

UFMG – Universidade Federal de Minas Gerais
Departamento de Engenharia Sanitária e Ambiental
Av. Antônio Carlos, 6627 – Campus Pampulha
Escola de Engenharia, Bloco 1, 4º andar
31270-901 – Belo Horizonte – BRASIL

Como solicitar o livro:
Editora UFMG
Tel: (31) 3409-4657
e-mail: vendas@editora.ufmg.br
www.editora.ufmg.br

A
meus irmãos
Cláudio, Eduardo e Glorinha

PREFÁCIO DA SEGUNDA EDIÇÃO

O processo de lagoas de estabilização não sofreu mudanças fundamentais nestes seis anos transcorridos desde a primeira edição. No entanto, alguns desenvolvimentos localizados e direcionamentos devem ser mencionados, como a utilização de lagoas de polimento para o pós-tratamento de efluentes de reatores anaeróbios. Alguns itens passaram a ser de maior preocupação, como o reúso do efluente tratado na agricultura, para o qual se deve analisar também a remoção de ovos de helmintos. O gerenciamento do lodo deve ser também cuidadosamente analisado. A remoção de nutrientes vem ganhando maior destaque. Alguns sistemas de tratamento têm utilizado escadas de aeração para o efluente tratado. Houve um maior aprofundamento no conhecimento dos fatores de influência no decaimento de coliformes. A participação do autor em cursos sobre lagoas de estabilização permitiu conhecer mais de perto as principais dúvidas de projetistas e operadores. É dentro deste contexto que esta segunda edição busca se inserir, trazendo os últimos desenvolvimentos no tema e uma discussão sobre alguns tópicos não cobertos ou vistos de forma mais superficial na primeira edição. A presente edição tenta manter a simplicidade conceitual inerente ao próprio sistema de lagoas de estabilização, sem entrar em aprofundamentos excessivos. O autor volta a agradecer às pessoas e instituições que, desde a primeira edição, vêm contribuindo com a presente obra, particularmente o Departamento de Engenharia Sanitária e Ambiental da UFMG. Gostaria também de registrar o reconhecimento ao PROSAB (Programa de Pesquisa em Saneamento Básico) pela incomparável produção de conhecimentos que tem gerado para o setor nos últimos anos.

Marcos von Sperling
Novembro de 2002

PREFÁCIO DA PRIMEIRA EDIÇÃO

O presente volume é o terceiro da série intitulada "Princípios do tratamento biológico de águas residuárias". A conceituação básica da série foi apresentada no prefácio do primeiro volume. Neste, foi ressaltada a importância dedicada nesta série aos fundamentos e conceitos, por acreditar que, sem eles, o profissional não poderá exercer a prática de uma forma totalmente consciente, independente e crítica. Pelo esforço dedicado aos aspectos didáticos, acredita-se que esta série tenha como primeiro público os estudantes de cursos de extensão e pós-graduação. No entanto, o volume de informações apresentado pode ser útil também a profissionais da área de Engenharia Sanitária e Ambiental, que desejarem ser introduzidos nos aspectos básicos do tratamento de esgotos.

Os dois volumes iniciais da série centraram-se nos aspectos introdutórios e fundamentais do tratamento de esgotos. A partir deste terceiro volume, passam a ser abordados sistemas de tratamento específicos. Os volumes subsequentes enfocarão, cada um, os seguintes sistemas de tratamento: lodos ativados, reatores anaeróbios tratamento e disposição final de lodo de esgotos.

O presente volume enfoca o sistema de tratamento de esgotos por lagoas de estabilização. São descritos os princípios básicos e os critérios de dimensionamento dos principais sistemas para remoção da matéria carbonácea (lagoas facultativas; sistema de lagoas anaeróbias – lagoas facultativas; lagoas aeradas facultativas; sistema de lagoas aeradas de mistura completa – lagoas de decantação) e para remoção dos organismos patogênicos (lagoas de maturação). Após tal, são descritos os principais aspectos construtivos, e dadas as diretrizes para a manutenção e operação dos sistemas.

Em consonância com a própria simplicidade conceitual do processo de tratamento por lagoas, o volume adota uma abordagem de apresentação de informações de uma forma direta e simplificada, para cada um dos sistemas descritos. Para cada sistema, apresenta-se um exemplo completo de dimensionamento, objetivando se obter as grandes dimensões das unidades para alocação no terreno, bem como uma estimativa das características do efluente a ser lançado no corpo receptor. Como em todos os volumes desta série, não há grande preocupação com o detalhamento dos projetos, para o qual há outras referências disponíveis, além de catálogos de fabricantes.

Por se tratar de uma série, este volume pressupõe uma continuidade temática com os dois volumes que o precederam. No entanto, procurou-se dar uma certa auto-suficiência, de forma a reduzir o número de consultas cruzadas aos demais volumes.

Retomando um comentário do prefácio do primeiro volume, deve-se encarar a presente série apenas como uma contribuição, dentro de um esforço mais amplo, que deve ser abraçado por todos nós, de implantar no país uma infra-estrutura sanitária que permita a melhoria das condições ambientais e da qualidade de vida da nossa população.

O autor considera como totalmente bem-vindos quaisquer comentários e sugestões para a melhoria deste volume, ou de qualquer dos outros volumes da série.

Finalmente, gostaria de agradecer a todos aqueles que contribuíram e que prosseguem contribuindo para a realização desta série. Em termos individuais, um agradecimento a todos que se motivaram, juntamente comigo, a dar forma e conteúdo aos livros. Em termos institucionais, às entidades e agências responsáveis pela viabilização do empreendimento: Departamento de Engenharia Sanitária e Ambiental da UFMG (DESA-UFMG), Sociedade Alemã de Cooperação Técnica (GTZ) e Conselho Nacional de Desenvolvimento Científico e Tecnológico (CNPq).

Marcos von Sperling
Novembro de 1995

SUMÁRIO

CAPÍTULO 1
Introdução

CAPÍTULO 2
Lagoas facultativas

Capítulo 3
Sistema de lagoas anaeróbias seguidas por lagoas facultativas

CAPÍTULO 4
Lagoas aeradas facultativas

CAPÍTULO 5
Sistema de lagoas aeradas de mistura completa seguidas de lagoas de decantação

CAPÍTULO 6
Remoção de organismos patogênicos

CAPÍTULO 7
Remoção de nutrientes

CAPÍTULO 8
Lagoas de estabilização como pós-tratamento de efluentes de reatores anaeróbios

CAPÍTULO 9
Aeração do efluente em escadas ou quedas d´água

CAPÍTULO 10
Aspectos construtivos

CAPÍTULO 11
Manutenção e operação

CAPÍTULO 12
Gerenciamento do lodo de lagoas de estabilização

CAPÍTULO 1

Introdução

Os sistemas de lagoas de estabilização constituem-se na forma mais simples para o tratamento dos esgotos. Há diversas variantes dos sistemas de lagoas de estabilização, com diferentes níveis de simplicidade operacional e requisitos de área. São os seguintes os sistemas de lagoas abordados no presente texto:

- *lagoas facultativas*
- *sistema de lagoas anaeróbias seguidas por lagoas facultativas*
- *lagoas aeradas facultativas*
- *sistema de lagoas aeradas de mistura completa seguidas por lagoas de decantação*

Além destas lagoas, cujo principal objetivo é a remoção da matéria carbonácea, analisam-se também as *lagoas de maturação*, direcionadas à remoção de organismos patogênicos.

Há ainda outras variantes do sistema de lagoas, tal como listado no Volume 1 da presente série. No entanto, no presente texto, são analisadas em maior detalhe apenas as lagoas citadas acima.

De maneira geral, as lagoas de estabilização são bastante indicadas para regiões de clima quente e países em desenvolvimento, devido aos seguintes aspectos:

- suficiente disponibilidade de área em um grande número de localidades
- clima favorável (temperatura e insolação elevadas)
- operação simples
- necessidade de poucos ou nenhum equipamento

O Quadro 1.1 apresenta uma descrição sucinta dos principais sistemas de lagoas analisados. Os respectivos fluxogramas encontram-se nas Figuras 1.1 e 1.2.

O Quadro 1.2 apresenta uma comparação entre as principais características dos sistemas de lagoas analisados. Com relação à remoção de organismos patogênicos propriamente ditos, uma série de lagoas, incluindo lagoas de maturação, é capaz de atingir as seguintes eficiências de remoção (Mara et al, 1992):

- *bactérias* - até 6 unidades logarítmicas (99,9999%)
- *vírus*: até 4 unidades logarítmicas (99,99%)
- *cistos de protozoários*: 100%
- *ovos de helmintos*: 100%.

O Quadro 1.3 apresenta um balanço de vantagens e desvantagens de cada sistema de lagoas. O Quadro 1.4 lista os principais parâmetros utilizados nos projetos de lagoas, os quais encontram-se detalhados no restante do texto.

Quadro 1.1. Descrição sucinta dos principais sistemas de lagoas de estabilização

Sistema	Descrição
Lagoa facultativa	A DBO solúvel e finamente particulada é estabilizada aerobiamente por bactérias dispersas no meio líquido, ao passo que a DBO suspensa tende a sedimentar, sendo convertida anaerobiamente por bactérias no fundo da lagoa. O oxigênio requerido pelas bactérias aeróbias é fornecido pelas algas, através da fotossíntese.
Lagoa anaeróbia - lagoa facultativa	A DBO é em torno de 50 a 70% removida na lagoa anaeróbia (mais profunda e com menor volume), enquanto a DBO remanescente é removida na lagoa facultativa. O sistema ocupa uma área inferior ao de uma lagoa facultativa única.
Lagoa aerada facultativa	Os mecanismos de remoção da DBO são similares aos de uma lagoa facultativa. No entanto, o oxigênio é fornecido por aeradores mecânicos, ao invés de através da fotossíntese. Como a lagoa é também facultativa, uma grande parte dos sólidos do esgoto e da biomassa sedimenta, sendo decomposta anaerobiamente no fundo.
Lagoa aerada de mistura completa - lagoa de decantação	A energia introduzida por unidade de volume da lagoa é elevada, o que faz com que os sólidos (principalmente a biomassa) permaneçam dispersos no meio líquido, ou em mistura completa. A decorrente maior concentração de bactérias no meio líquido aumenta a eficiência do sistema na remoção da DBO, o que permite que a lagoa tenha um volume inferior ao de uma lagoa aerada facultativa. No entanto, o efluente contém elevados teores de sólidos (bactérias), que necessitam ser removidos antes do lançamento no corpo receptor. A lagoa de decantação a jusante proporciona condições para esta remoção. O lodo da lagoa de decantação deve ser removido em períodos de poucos anos.
Lagoa de maturação	O objetivo principal da lagoa de maturação é a remoção de organismos patogênicos. Nas lagoas de maturação predominam condições ambientais adversas para bactérias patogênicas, como radiação ultravioleta, elevado pH, elevado OD, temperatura mais baixa que a do corpo humano, falta de nutrientes e predação por outros organismos. Ovos de helmintos e cistos de protozoários tendem a sedimentar. As lagoas de maturação constituem um pós-tratamento de processos que objetivem a remoção da DBO, sendo usualmente projetadas como uma série de lagoas, ou como uma lagoa única com divisões por chicanas. A eficiência na remoção de coliformes é elevadíssima.

Fig. 1.1. Fluxogramas dos principais sistemas de lagoas de estabilização para a remoção da DBO

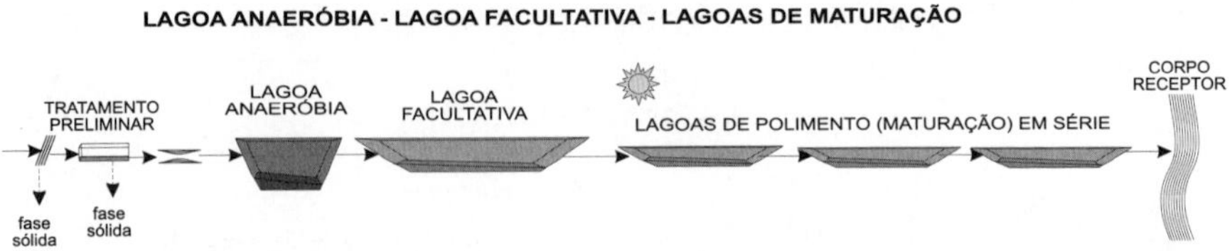

Fig. 1.2. Fluxograma de um sistema de lagoas (anaeróbia-facultativa) seguida por lagoas de maturação

Quadro 1.2. Características dos principais sistemas de lagoas para a remoção da DBO

Item geral	Item específico	Sistema de lagoas			
		Facultativa	Anaeróbia - facultativa	Aerada facultativa	Aerada de mist. completa - decantação
Eficiência	DBO (%)	75 - 85	75 - 85	75 - 85	75 – 85
	DQO (%)	65 - 80	65 - 80	65 - 80	65 – 80
	SS (%)	70 - 80	70 - 80	70 - 80	80 - 87
	Amônia (%)	< 50	< 50	< 30	< 30
	Nitrogênio (%)	< 60	< 60	< 30	< 30
	Fósforo (%)	< 35	< 35	< 35	< 35
	Coliformes (%)	90 - 99	90 - 99	90 - 99	90 – 99
Requisitos	Área (m^2/hab)	2,0 - 4,0	1,5 - 3,0	0,25 - 0,5	0,2 - 0,4
	Potência (W/hab)	≈ 0	≈ 0	1,2 – 2,0	1,8 – 2,5
Custos	Implantação (R$/hab)	40 - 80	30 - 75	50 - 90	50 - 90
	Operação (R$/hab.ano)	2,0 – 4,0	2,0 – 4,0	5,0 – 9,0	5,0 – 9,0

Obs: outros dados comparativos estão apresentados no Volume 1
Data: 1° semestre 2002 (US$ 1,00 = R$ 2,5)

Quadro 1.3. Balanço de vantagens e desvantagens dos sistemas de lagoas de estabilização

Sistema	Vantagens	Desvantagens
Lagoa facultativa	• Satisfatória eficiência na remoção de DBO • Razoável eficiência na remoção de patógenos • Construção, operação e manutenção simples • Reduzidos custos de implantação e operação • Ausência de equipamentos mecânicos • Requisitos energéticos praticamente nulos • Satisfatória resistência a variações de carga • Remoção de lodo necessária apenas após períodos superiores a 20 anos	• Elevados requisitos de área • Dificuldade em satisfazer padrões de lançamento restritivos • A simplicidade operacional pode trazer o descaso na manutenção (crescimento de vegetação) • Possível necessidade de remoção de algas do efluente para o cumprimento de padrões rigorosos • Performance variável com as condições climáticas (temperatura e insolação) • Possibilidade do crescimento de insetos
Sistema de lagoa anaeróbia – lagoa facultativa	• Idem lagoas facultativas • Requisitos de área inferiores aos das lagoas facultativas únicas	• Idem lagoas facultativas • Possibilidade de maus odores na lagoa anaeróbia • Necessidade de um afastamento razoável às residências circunvizinhas • Necessidade de remoção contínua ou periódica (intervalo de alguns anos) do lodo da lagoa anaeróbia
Lagoa aerada facultativa	• Construção, operação e manutenção relativamente simples • Requisitos de área inferiores aos sistemas de lagoas facultativas e anaeróbio-facultativas • Maior independência das condições climáticas que os sistemas de lagoas facultativas e anaeróbio-facultativas • Satisfatória resistência a variações de carga • Reduzidas possibilidades de maus odores	• Introdução de equipamentos • Ligeiro aumento no nível de sofisticação • Requisitos de área ainda elevados • Requisitos de energia relativamente elevados • Baixa eficiência na remoção de coliformes • Necessidade de remoção contínua ou periódica (intervalo de alguns anos) do lodo
Sistema de lagoa aerada de mistura completa – lagoa de decantação	• Idem lagoas aeradas facultativas • Menores requisitos de área de todos os sistemas de lagoas	• Idem lagoas aeradas facultativas (exceção: requisitos de área) • Preenchimento rápido da lagoa de decantação com o lodo (2 a 5 anos) • Necessidade de remoção contínua ou periódica (2 a 5 anos) do lodo
Lagoa – lagoa de maturação	• Idem sistema de lagoas precedente • Elevada eficiência na remoção de patógenos • Razoável eficiência na remoção de nutrientes	• Idem sistema de lagoas precedente • Requisitos de área bastante elevados

Quadro 1.4. Principais parâmetros de projeto das lagoas de estabilização

Parâmetro de projeto	Lagoas anaeróbias	Lagoas facultativas	Lagoas aeradas facultativas	Lagoas aeradas de mistura completa	Lagoas de decantação	Lagoas de maturação
Tempo de detenção t (d)	3 - 6	15 - 45	5 - 10	2 - 4	≈ 2	(b)
Taxa de aplicação superficial L_S ($kgDBO_5$/ha.d)	-	100 - 350	-	-	-	-
Taxa de aplicação volumétrica L_V ($kgDBO_5/m^3$.d)	0,10 - 0,35	-	-	-	-	-
Profundidade H (m)	3,0 - 5,0	1,5 – 2,0	2,5 - 4,0	2,5 - 4,0	3,0 - 4,0	0,8 – 1,2
Relação L/B (comprimento/largura) usual	1 a 3	2 a 4	2 a 4	1 a 2	-	(c)
Coef. K rem. DBO (mist. completa) (20°C) (d^{-1})	-	0,25 - 0,40	0,6 - 0,8	1,0 - 1,5	-	-
Coef. temperatura θ (mist. completa)	-	1,05 - 1,085	1,035	1,035	-	-
Coef. K rem. DBO (fluxo disperso) (20°C)(d^{-1})	-	0,13 - 0,17	-	-	-	-
Coef. temperatura θ (fluxo disperso)	-	1,035	-	-	-	-
Número de dispersão d (L/B=1)	-	0,4 - 1,3	-	-	-	0,4 - 1,1
Número de dispersão d (L/B=2 a 4)	-	0,1 - 0,7	-	-	-	0,1 - 0,5
Número de dispersão d (L/B≥5)	-	0,02 - 0,3	-	-	-	0,03 - 0,23
DBO particulada efluente ($mgDBO_5$/mgSS)	-	0,3 - 0,4	0,3 - 0,4	0,3 - 0,6	-	-
Requisitos médios de O_2 ($kgO_2/kgDBO_{5\ remov}$)	-	-	0,8 - 1,2	1,1 - 1,4	-	-
Densidade de potência (W/m^3)	-	-	< 2,0	≥ 3,0	-	-
Taxa de acúmulo de lodo (m^3/hab.ano)	0,01 - 0,04	0,03 - 0,08	0,03 - 0,08	-	(a)	-
Coef. decaim. colif. K_b (mist. compl.) (20°C) (d^{-1})	-	0,4 – 5,0	-	-	-	0,6–1,2 (d)
Coef. temperatura θ (mist. completa)	-	1,07	-	-	-	1,07
Coef. decaim. colif. K_b (fluxo disp.) (20°C) (d^{-1})	-	0,2 – 0,3	-	-	-	0,4 – 0,7
Coef. temperatura θ (fluxo disp.)	-	1,07	-	-	-	1,07

Detalhamento dos parâmetros: ver texto

L = comprimento (m); B = largura (m)

(a) Ver fórmula no texto para estimativa do acúmulo de lodo em lagoas de decantação

(b) O tempo de detenção em uma lagoa de maturação é função do formato da lagoa e da eficiência requerida

(c) Relação L/B em lagoas de maturação chicaneadas em célula única > 10; relação L/B em cada lagoa de uma série de mais de 3 lagoas: 1–3

(d) Coeficiente K_b (mistura completa) para lagoas de maturação: valor apresentado é para lagoas em série (lagoas chicaneadas não são bem representadas pelo regime de mistura completa)

Deve-se destacar ainda que as lagoas podem funcionar como pós-tratamento de efluentes de reatores anaeróbios, tipo UASB (reatores anaeróbios de manta de lodo e de fluxo ascendente). Quando se objetiva uma certa melhoria na qualidade do efluente e mais a remoção de organismos patogênicos (**lagoas de polimento** – ver Figura 1.3), os parâmetros são bem similares aos listados no Quadro 1.4 para as lagoas de maturação. Caso se adotem lagoas aeradas como pós-tratamento, o tempo de detenção poderá ser reduzido, em função do aporte de uma menor carga orgânica à lagoa.

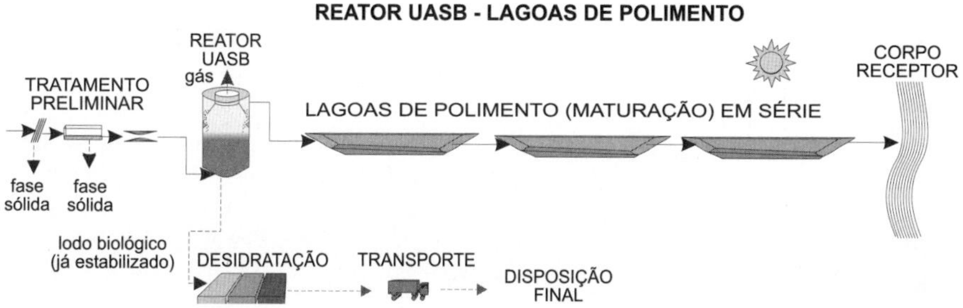

Fig. 1.3. Reatores UASB seguidos por lagoas de polimento.

CAPÍTULO 2

2. Lagoas facultativas

2.1. INTRODUÇÃO

As lagoas facultativas são a variante mais simples dos sistemas de lagoas de estabilização. Basicamente, o processo consiste na retenção dos esgotos por um período de tempo longo o suficiente para que os processos naturais de estabilização da matéria orgânica se desenvolvam. As principais vantagens e desvantagens das lagoas facultativas estão associadas, portanto, à predominância dos fenômenos naturais.

As vantagens relacionam-se à grande simplicidade e à confiabilidade da operação. Os processos naturais são confiáveis: não há equipamentos que possam estragar ou esquemas especiais requeridos. No entanto, a natureza é lenta, necessitando de longos tempos de detenção para que as reações se completem, o que implica em grandes requisitos de área. A atividade biológica é grandemente afetada pela temperatura, principalmente nas condições naturais das lagoas. Desta forma, as lagoas de estabilização são mais apropriadas onde a terra é barata, o clima favorável, e se deseja ter um método de tratamento que não requeira equipamentos ou uma capacitação especial dos operadores (Arceivala, 1981).

Os custos das lagoas de estabilização são bastante competitivos, desde que os custos do terreno ou a necessidade de movimentos de terra não sejam excessivos. A construção é simples, envolvendo principalmente movimento de terra, e os custos operacionais são bem baixos, em comparação com outros métodos de tratamento. A eficiência do sistema é usualmente satisfatória, podendo chegar a níveis comparáveis à da maior parte dos tratamentos secundários.

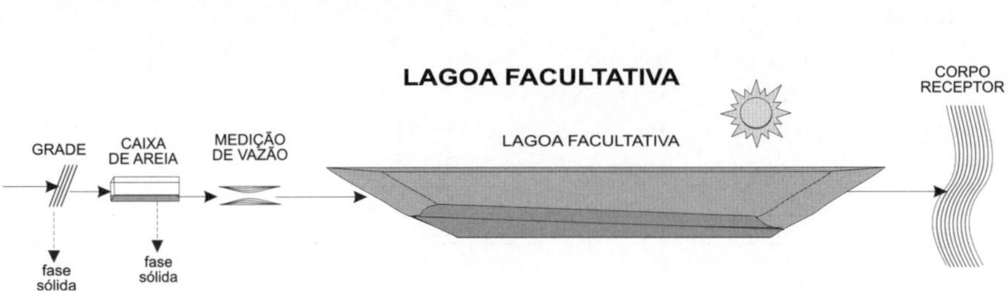

Fig. 2.1. Lagoa facultativa

Uma terminologia freqüentemente adotada para lagoas relaciona-se à sua posição na série de unidades de tratamento:

- *Lagoa primária*: primeira lagoa da série – lagoa facultativa que recebe esgoto bruto
- *Lagoa secundária*: segunda lagoa da série – recebe efluente de uma outra lagoa a montante, usualmente uma lagoa anaeróbia
- *Lagoas terciárias, quaternárias* etc: ocupam a terceira, quarta etc posições na série – são usualmente lagoas de maturação

2.2. DESCRIÇÃO DO PROCESSO

O esgoto afluente entra em uma extremidade da lagoa e sai na extremidade oposta. Ao longo desse percurso, que demora vários dias, uma série de mecanismos contribui para a purificação dos esgotos. Estes mecanismos ocorrem nas três zonas das lagoas, denominadas: *zona anaeróbia, zona aeróbia* e *zona facultativa.*

A matéria orgânica em suspensão (*DBO particulada*) tende a sedimentar, vindo a constituir o lodo de fundo (zona anaeróbia). Este lodo sofre o processo de decomposição por microrganismos anaeróbios, sendo convertido lentamente em gás carbônico, água, metano e outros. Após um certo período de tempo, apenas a fração inerte (não biodegradável) permanece na camada de fundo. O gás sulfídrico gerado não causa problemas de mau cheiro, pelo fato de ser oxidado, por processos químicos e bioquímicos, na camada aeróbia superior.

A matéria orgânica dissolvida (*DBO solúvel*), conjuntamente com a matéria orgânica em suspensão de pequenas dimensões (*DBO finamente particulada*) não sedimenta, permanecendo dispersa na massa líquida. Na camada mais superficial, tem-se a zona aeróbia. Nesta zona, a matéria orgânica é oxidada por meio da respiração aeróbia. Há a necessidade da presença de oxigênio, o qual é suprido ao meio pela fotossíntese realizada pelas algas. Tem-se, assim, um perfeito equilíbrio entre o consumo e a produção de oxigênio e gás carbônico:

bactérias → *respiração*:
- consumo de oxigênio
- produção de gás carbônico

algas → *fotossíntese*:
- produção de oxigênio
- consumo de gás carbônico

Deve-se destacar que as reações de *fotossíntese* (produção de matéria orgânica) e *respiração* (oxidação da matéria orgânica) são similares, apenas com direções opostas:

• *Fotossíntese:*

$CO_2 + H_2O + \text{Energia} \rightarrow \text{Matéria orgânica} + O_2$

• Respiração:

$\text{Matéria orgânica} + O_2 \rightarrow CO_2 + H_2O + \text{Energia}$

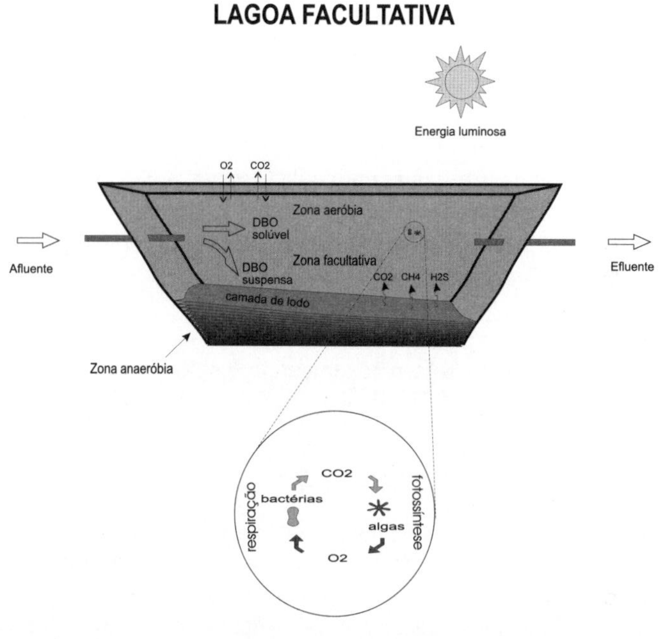

Fig. 2.2. Esquema simplificado do funcionamento de uma lagoa facultativa

Para a ocorrência da fotossíntese é necessária uma fonte de *energia luminosa*, neste caso representada pelo sol. Por esta razão, locais com elevada radiação solar e baixa nebulosidade são bastante propícios à implantação de lagoas facultativas.

A fotossíntese, por depender da energia solar, é mais elevada próximo à superfície da lagoa. À medida em que se aprofunda na lagoa, a penetração da luz é menor, o que ocasiona a predominância do consumo de oxigênio (respiração) sobre a sua produção (fotossíntese), com a eventual ausência de oxigênio dissolvido a partir de uma certa profundidade. Ademais, a fotossíntese só ocorre durante o dia, fazendo com que durante a noite possa prevalecer a ausência de oxigênio. Devido a estes fatos, é essencial que haja diversos grupos de bactérias, responsáveis pela estabilização da matéria orgânica, que possam sobreviver e proliferar, tanto na *presença*, quanto na *ausência* de oxigênio. Na ausência de oxigênio livre, são utilizados outros receptores de elétrons, como nitratos (condições anóxicas) e sulfatos e CO_2 (condições anaeróbias). Esta zona, onde pode ocorrer a presença ou a ausência de oxigênio, é denominada zona facultativa. Esta condição também dá o nome às lagoas (lagoas facultativas).

Como comentado, o processo de lagoas facultativas é essencialmente natural, não necessitando de nenhum equipamento. Por esta razão, a estabilização da matéria orgânica se processa em taxas mais lentas, implicando na necessidade de um elevado período de detenção na lagoa (usualmente superior a 20 dias). A fotossíntese, para que seja efetiva, necessita de uma elevada área de exposição para o melhor aproveitamento da energia solar pelas algas, desta forma implicando na necessidade de grandes unidades. Em decorrência, a área total requerida pelas lagoas facultativas é a maior dentre todos os processos de tratamento dos esgotos (excluindo-se os processos de disposição sobre o solo). Por outro lado, o fato de ser um processo totalmente natural está associado a uma maior simplicidade operacional, fator de fundamental importância em nosso meio.

O efluente de uma lagoa facultativa possui as seguintes características principais (CETESB, 1989):

- cor verde devida às algas
- elevado teor de oxigênio dissolvido
- sólidos em suspensão, embora praticamente estes não sejam sedimentáveis (as algas praticamente não sedimentam no teste do cone Imhoff)

2.3. A INFLUÊNCIA DAS ALGAS

Numa lagoa de estabilização facultativa, as algas desempenham um papel fundamental. A sua concentração é mais elevada do que a de bactérias, fazendo com que o líquido na superfície da lagoa seja predominantemente verde. Em termos de sólidos em suspensão secos, a concentração é usualmente inferior a 200 mg/l, embora em termos de números elas possam atingir contagens na faixa de 10^4 a 10^6 organismos por ml (Arceivala, 1981). A presença de algas é usualmente medida na forma de clorofila **a**, pigmento apresentado por todos os vegetais, e principal parâmetro para a quantificação da biomassa algal (König, 2000). As concentrações de clorofila a em lagoas facultativas dependem da carga aplicada e da temperatura, mas usualmente se situam na faixa de 500 a 2000 mg/l (Mara et al, 1992).

Grupos de algas de importância encontrados nas lagoas de estabilização são (Mara et al, 1992; Silva Jr. e Sasson, 1993; Jordão e Pessoa, 1995):

- **Algas verdes (clorofíceas)**. Tais algas conferem à lagoa a cor esverdeada predominante. Os principais gêneros são as *Chlamydomonas*, *Euglenas* e *Chlorellas*. Os dois primeiros gêneros são normalmente os primeiros a aparecer na lagoa, tendendo a ser dominantes nos períodos frios, e possuindo flagelos, o que lhes confere a capacidade de locomoção (otimização da posição com relação à incidência da luz e à temperatura).

- **Cianobactérias** (anteriormente denominadas de algas cianofíceas, ou algas verde-azuladas). Em realidade, estes organismos apresentam características de bactérias e de algas, estando atualmente classificados como bactérias. As cianobactérias não apresentam organelas de locomoção como cílios, flagelos ou pseudópodes, mas podem se deslocar por deslizamento. Os requisitos de nutrientes são bastante reduzidos: as cianobactérias podem proliferar em qualquer ambiente onde haja apenas CO_2, N_2, água, alguns minerais e luz. Estes organismos são típicos de situações com baixos valores de pH e pouco nutriente nos esgotos. Nestas condições, as algas verdes não encontram ambiente favorável, ou servem de alimento a outros organismos, como protozoários, conduzindo ao desenvolvimento das cianobactérias. Entre os principais gêneros, pode-se citar: *Oscillatoria*, *Phormidium*, *Anacystis* e *Anabaena*.

Outros tipos que podem ser encontrados são as algas dos filos Euglenophyta, Bacyllariophyta e Chrysophyta (König, 2000; Mara et al, 1992). As espécies predominantes variam de local para local, e, ainda, com a posição na série de lagoas (lagoas facultativas e lagoas de maturação).

As algas fazem a fotossíntese durante as horas do dia sujeitas à radiação luminosa. Neste período, elas produzem a matéria orgânica necessária para sua sobrevivência, convertendo a energia luminosa em energia química condensada na forma de alimento. Durante as 24 horas do dia elas respiram, oxidando a matéria orgânica produzida, e liberando a energia para crescimento, reprodução, locomoção e outros. O balanço entre produção (fotossíntese) e consumo (respiração) de oxigênio favorece amplamente o primeiro. De fato, as algas podem produzir cerca de 15 vezes mais oxigênio do que consomem (Abdel-Razik, 1991), conduzindo a um saldo positivo no sistema.

Devido à necessidade de energia luminosa, a maior quantidade de algas situa-se próximo à superfície da lagoa, local de alta produção de oxigênio. À medida em que se aprofunda na lagoa, a energia luminosa diminui, reduzindo, em decorrência, a concentração de algas. Na camada superficial, a menos de 50 cm, situa-se a faixa de maior intensidade luminosa, com o restante da lagoa praticamente escura.

Há um ponto ao longo da profundidade da lagoa em que a produção de oxigênio pelas algas se iguala ao consumo de oxigênio pelas próprias algas e pelos microrganismos decompositores. Este ponto é denominado de **oxipausa** (ver Figura 2.3).

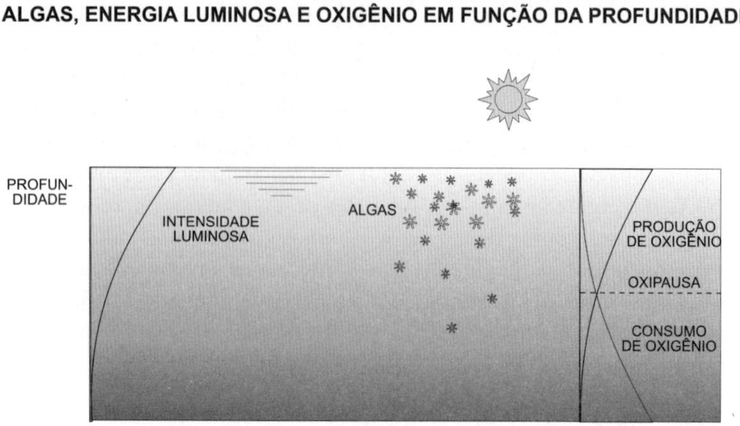

Fig. 2.3. Algas, energia luminosa e oxigênio em uma lagoa facultativa (seção transversal)

Acima da oxipausa predominam condições aeróbias, enquanto abaixo desta, prevalecem as condições anóxicas ou anaeróbias. O nível da oxipausa varia durante as 24 horas do dia, em função da variabilidade da fotossíntese durante este período. À noite, a oxipausa se eleva na lagoa, ao passo que durante o dia ela se aprofunda.

A profundidade da zona aeróbia, além de variar ao longo do dia, varia também com as condições de carga da lagoa. Lagoas com uma maior carga de DBO tendem a possuir uma maior camada anaeróbia, que pode ser praticamente total durante a noite. A Figura 2.4 ilustra esquematicamente a influência das condições de carga na espessura da camada aeróbia.

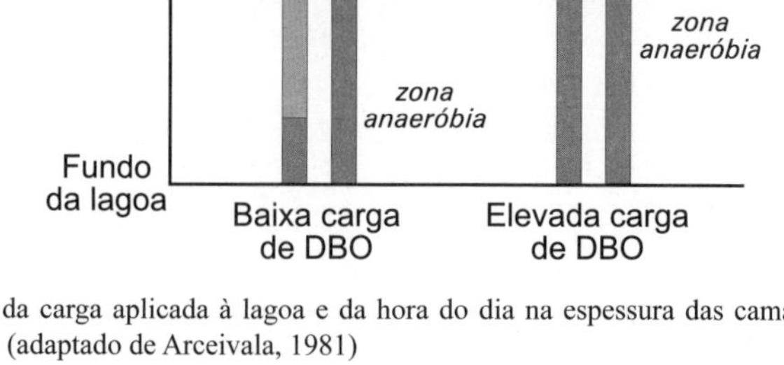

Fig. 2.4. Influência da carga aplicada à lagoa e da hora do dia na espessura das camadas aeróbias e anaeróbias (adaptado de Arceivala, 1981)

O pH na lagoa também varia ao longo da profundidade e ao longo do dia. O pH depende da fotossíntese e da respiração, através da seguinte relação:

- Fotossíntese:
  - Consumo de CO_2
  - O íon bicarbonato (HCO_3^-) do esgoto tende a se converter a OH^-
  - O pH se eleva
- Respiração:
  - Produção de CO_2
  - O íon bicarbonato (HCO_3^-) do esgoto tende a se converter a H^+
  - O pH se reduz

Durante o dia, nas horas de máxima atividade fotossintética, o pH pode atingir valores em torno de 10. Nestas condições de elevado pH, podem ocorrer os seguintes fenômenos:

- Conversão da amônia ionizada (NH_4^+) a amônia livre (NH_3), a qual é tóxica, mas tende a se liberar para a atmosfera (remoção de nutrientes)
- Precipitação dos fosfatos (remoção de nutrientes)
- Conversão do sulfeto (H_2S) causador de mau cheiro a bissulfeto (HS^-) inodoro

2.4. A INFLUÊNCIA DAS CONDIÇÕES AMBIENTAIS

As principais condições ambientais em uma lagoa de estabilização são a *radiação solar*, *temperatura* e o *vento*, as quais são comentadas no Quadro 2.1 (Jordão e Pessoa, 1995).

Quadro 2.1. Influência dos principais fatores ambientais externos

Fator	Influência
Radiação solar	• Velocidade de fotossíntese
Temperatura	• Velocidade de fotossíntese • Taxa de decomposição bacteriana • Solubilidade e transferência de gases • Condições de mistura
Vento	• Condições de mistura • Reaeração atmosférica (*)

(*) mecanismo de menor importância no balanço de OD

A influência da temperatura e da radiação solar na velocidade de fotossíntese pode ser vista esquematicamente na Figura 2.5.

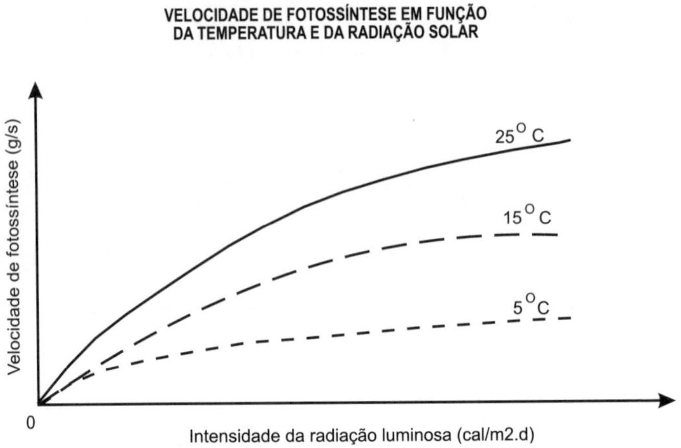

Fig. 2.5. Influência da temperatura e da radiação luminosa na velocidade de fotossíntese (adaptado de Jordão e Pessoa, 1995)

a) Mistura e estratificação térmica

A mistura em uma lagoa de estabilização ocorre principalmente através dos seguintes mecanismos: vento e diferencial de temperatura. A mistura é importante no desempenho da lagoa devido aos seguintes aspectos benéficos (Silva e Mara, 1979):

- Minimização da ocorrência de curtos-circuitos hidráulicos
- Minimização da ocorrência de zonas estagnadas
- Homogeneização da distribuição no sentido vertical da DBO, algas e oxigênio
- Transporte para a zona fótica superficial das algas não motoras que tendem a sedimentar
- Transporte para as camadas mais profundas do oxigênio produzido pela fotossíntese na zona fótica

Para maximizar a influência do *vento*, a lagoa não deverá ser cercada por obstáculos naturais ou artificiais que obstruam o acesso do vento. Da mesma forma, a lagoa não deverá ter um contorno muito irregular, que dificulte a homogeneização das áreas mais periféricas com o corpo principal da lagoa.

A lagoa está ainda sujeita à *estratificação térmica*, na qual a camada superior (quente) não se mistura com a inferior (fria). À medida em que se aprofunda na lagoa, há um ponto em que há um grande decréscimo na temperatura, acompanhado por um elevado acréscimo de densidade e viscosidade. Este ponto é denominado *termoclina*. Ocorrem, assim, duas camadas distintas: a superficial (densidade menor) e a do fundo (densidade maior), as quais não se misturam (ver Figura 2.6).

O comportamento das algas é influenciado pela estratificação, da seguinte forma:

- As algas *não motoras* sedimentam, atingindo a zona escura da lagoa, deixando de produzir oxigênio, e implicando, pelo contrário, no consumo deste.

- As algas *motoras* tendem a fugir da camada mais superficial (30 a 50 cm) de elevada temperatura (eventualmente 35ºC), formando uma densa camada de algas, a qual dificulta a penetração da energia solar.

Devido a estes aspectos, em lagoas estratificadas há uma baixa presença de algas na zona fótica, o que reduz a produção de oxigênio do sistema e, em conseqüência, a sua capacidade de estabilizar a matéria orgânica. Em locais com pouco ou nenhum vento na superfície da lagoa, esta permanece estratificada.

A estratificação pode ser quebrada por meio de um mecanismo de mistura natural, denominado *inversão térmica* (ver Figura 2.6). Em lagos tropicais estratificados, a inversão térmica pode ocorrer no período frio (inverno). Além disso, em lagos de pequena profundidade, como as lagoas de estabilização, a mistura pode ocorrer uma vez por dia, de acordo com a seguinte seqüência (Silva e Mara, 1979):

- *Início da manhã, com vento*. Mistura completa. A temperatura é uniforme ao longo da profundidade.
- *Meio da manhã, com sol, sem vento*. Aumento da temperatura na camada superficial (acima da termoclina). A temperatura no fundo (abaixo da termoclina) varia pouco, sendo influenciada pela temperatura do solo. Estratificação.
- *Início da noite, sem vento*. A camada acima da termoclina perde calor mais rapidamente do que a camada de fundo. Caso as temperaturas das camadas se aproximem, ocorre a mistura.
- *Noite, com vento*. O vento auxilia na mistura das camadas. A camada superior afunda, e a inferior se eleva.

Fig. 2.6. Estratificação e mistura em uma lagoa

A Figura 2.7 mostra resultados experimentais (valores médios) de temperatura em uma lagoa piloto rasa (1,0 m de profundidade, com chicanas, relação comprimento/ largura = 32), situada no Sudeste do Brasil (Itabira – MG). As medições foram feitas nas profundidades de 0,2 m, 0,6 m e 1,0 m abaixo do NA, e ao longo do percurso do líquido na lagoa. A figura retrata dados do verão, no horário das 10 h, mostrando claramente a estratificação (temperaturas mais elevadas nas menores profundidades, ou seja, mais próximo ao NA). Já às 23 h, também no verão, a lagoa apresenta-se em total mistura. Os dados do inverno não estão apresentados, mas indicaram mistura total, tanto na manhã, quanto na noite.

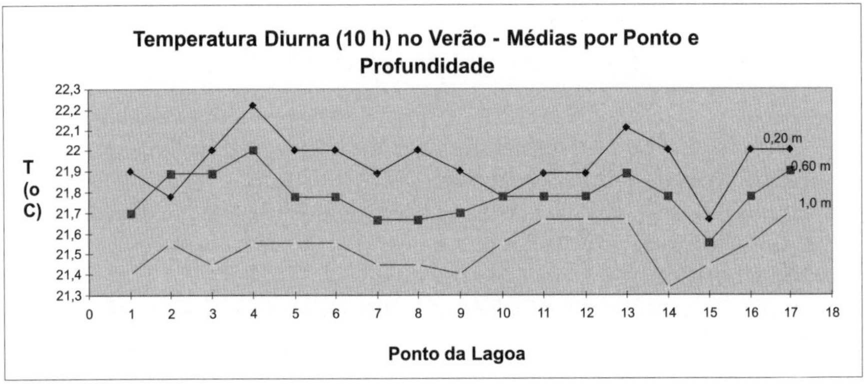

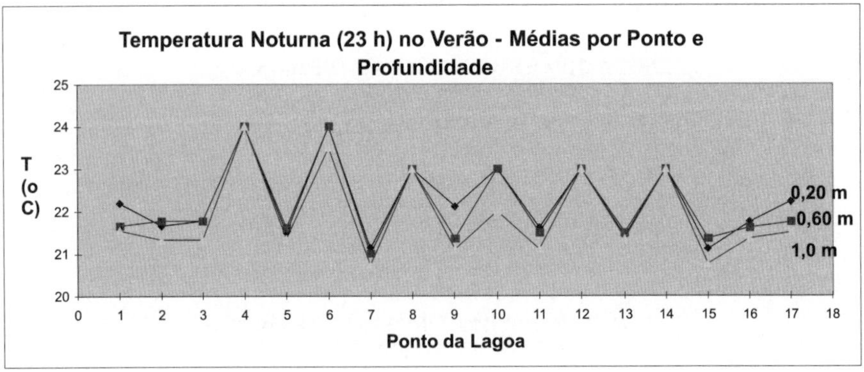

Fig. 2.7. Perfil longitudinal de temperatura em uma lagoa piloto com chicanas, em horários diurno e noturno. Medições nas profundidades de 0,20m, 0,60m e 1,00 m abaixo do NA. Profundidade da lagoa: 1,00 m.

Kellner e Pires (1998,1999) apresentam um modelo matemático para a estimativa da estratificação térmica em lagoas de estabilização, e ressaltam que esta conduz a uma perda do volume útil da lagoa, e que o volume da camada superior pode ser insuficiente para a ocorrência das reações bioquímicas desejadas.

b) Relação entre temperatura do ar e do líquido

Em vários dimensionamentos, normalmente se considera a *temperatura média do líquido no mês mais frio*. Yanez (1993) e Brito et al (2000) apresentam dados de correlações entre temperatura do ar e do líquido, em duas lagoas no Brasil, duas no Peru e uma na Jordânia. As regressões são apresentadas na Figura 2.8. A figura apresenta também a reta dos valores médios, calculada pelo autor, cuja equação é:

$$T_{água} = 12,7 + 0,54xT_{ar} \tag{2.1}$$

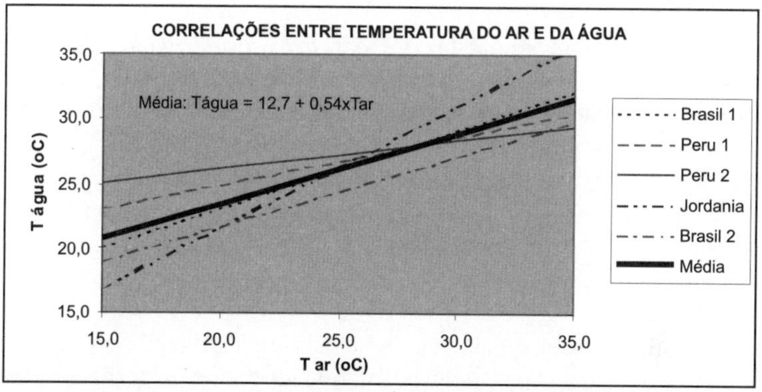

Fig. 2.8. Retas de melhor ajuste em regressões entre temperatura da água e do ar em cinco lagoas. Dados de Yanez (1993) e Brito et al (2000). Curva média calculada pelo autor.

Aplicando-se a Equação 2.1 para distintos valores da temperatura do ar, tem-se os valores da temperatura da água apresentados no Quadro 2.2. Os valores obtidos na faixa de 20 a 30 °C estão de acordo com o comentário de Mara et al (1997), de que a temperatura da lagoa é cerca de 2 a 3 °C mais quente do que a temperatura do ar no período frio, ocorrendo o inverso no período quente. Uma interpretação adicional dos dados de Yanez (1993) permite concluir que a temperatura na superfície da lagoa é de 1 a 5 °C mais elevada do que a temperatura média, com as maiores diferenças ocorrendo no período quente.

Quadro 2.2. Temperatura da água na lagoa, em função da temperatura do ar

Temperatura do ar (°C)	Temperatura do líquido média (°C)
15	20,8
20	23,5
25	26,2
30	28,9
35	31,6

Estimativa da temperatura do líquido usando a Equação 2.1

2.5. CRITÉRIOS DE PROJETO

Os principais parâmetros de projeto das lagoas facultativas são:

- *Taxa de aplicação superficial*
- *Profundidade*
- *Tempo de detenção*
- *Geometria (relação comprimento / largura)*

Taxa de aplicação superficial. O critério da *taxa de aplicação superficial* (carga orgânica por unidade de área) é o principal item de projeto, e baseia-se na necessidade de se ter uma determinada área de exposição à luz solar na lagoa, para que o processo de fotossíntese ocorra. O objetivo de se garantir a fotossíntese e, indiretamente, o crescimento de algas, é o de se ter uma produção de oxigênio suficiente para suprir a demanda de oxigênio. Assim, o critério da taxa de aplicação superficial é baseado na necessidade de oxigênio para a estabilização da matéria orgânica. A taxa de aplicação superficial relaciona-se, portanto, à atividade das algas e ao balanço entre produção e consumo de oxigênio.

Profundidade. A profundidade tem influência em aspectos físicos, biológicos e hidrodinâmicos da lagoa. Após a obtenção do valor da área superficial (através da adoção de um valor para a taxa de aplicação superficial) e da adoção da profundidade, obtém-se o volume da lagoa.

Tempo de detenção. O tempo de detenção não é um parâmetro direto de projeto, mas um parâmetro de verificação (resultante da determinação do volume da lagoa). O critério do *tempo de detenção* diz respeito ao tempo necessário para que os microrganismos procedam à estabilização da matéria orgânica no reator (lagoa). O tempo de detenção relaciona-se, portanto, à atividade das bactérias.

Geometria da lagoa. A relação comprimento/largura (L/B) é um outro importante critério, por influenciar o regime hidráulico da lagoa, o qual pode ser projetado para se aproximar a condições de fluxo em pistão ou mistura completa.

Os parâmetros de projeto são basicamente empíricos. Para a taxa de aplicação superficial, existem alguns modelos matemáticos que permitem projetar as lagoas facultativas com base em métodos conceituais, como produção de algas em função da radiação solar, produção de oxigênio por unidade de massa de alga e outros. No entanto, tais métodos fogem ao escopo do presente texto, de abordagem essencialmente simplificada. Além disso, os métodos empíricos têm sido tradicionalmente utilizados, baseados na experiência adquirida em diversas regiões do mundo.

a) Taxa de aplicação superficial

A área requerida para a lagoa é calculada em função da taxa de aplicação superficial L_S. A taxa é expressa em termos da carga de DBO (L, expressa em $kgDBO_5/d$) que pode ser tratada por unidade de área da lagoa (A, expressa em ha).

$$\boxed{A = L/L_S} \qquad (2.2)$$

onde:

A = área requerida para a lagoa (ha)

L = carga de DBO total (solúvel + particulada) afluente ($kgDBO_5/d$)

L_S = taxa de aplicação superficial ($kgDBO_5/ha.d$)

A taxa a ser adotada varia com a temperatura local, latitude, exposição solar, altitude e outros. Locais com clima e insolação extremamente favoráveis, como o nordeste do Brasil, permitem a adoção de taxas bem elevadas, eventualmente superiores a 300 $kgDBO_5/ha.d$, o que implica em menores áreas superficiais da lagoa. Por outro lado, locais de clima temperado requerem taxas de aplicação inferiores a 100 $kgDBO_5/ha.d$. Em nosso meio, tem-se adotado taxas variando de:

- Regiões com inverno quente e elevada insolação: L_S = 240 a 350 $kgDBO_5/ha.d$
- Regiões com inverno e insolação moderados: L_S = 120 a 240 $kgDBO_5/ha.d$
- Regiões com inverno frio e baixa insolação: L_S = 100 a 180 $kgDBO_5/ha.d$

Há diversas equações empíricas disponíveis na literatura internacional, correlacionando a taxa de aplicação superficial L_S e a temperatura T. Apresenta-se a seguir uma equação proposta por Mara (1997) que, segundo ele, possui aplicabilidade global. A equação utiliza a **temperatura média do ar no mês mais frio**. A justificativa de se utilizar a temperatura média do ar é que, no período frio, está-se a favor da segurança, já que a temperatura da água estará um pouco mais elevada. A seleção do período frio é que este é o mais crítico, no funcionamento da lagoa, em termos das velocidades das reações bioquímicas. Nos dimensionamentos de lagoas facultativas constantes deste livro, adota-se a temperatura média do líquido no mês mais frio (para efeito de cálculo das taxas de remoção de DBO), mas assume-se, para efeito da estimativa da taxa de aplicação superficial, este posicionamento a favor da segurança proposto por Mara (considerar a temperatura do ar igual à temperatura do líquido). O Item 2.4.b discute a relação entre a temperatura da água e do ar.

$$L_s = 350 \times (1{,}107 - 0{,}002 \times T)^{(T-25)} \qquad (2.3)$$

onde:

T = temperatura média do ar no mês mais frio (°C)

A aplicação da Equação 2.3 conduz aos valores de L_s apresentados na Figura 2.9. Apesar da equação conduzir a valores bastante elevados quando se têm altas temperaturas (acima de 25°C), recomenda-se que, para efeito de projeto, a carga máxima admissível seja de 350 kgDBO/ha.d.

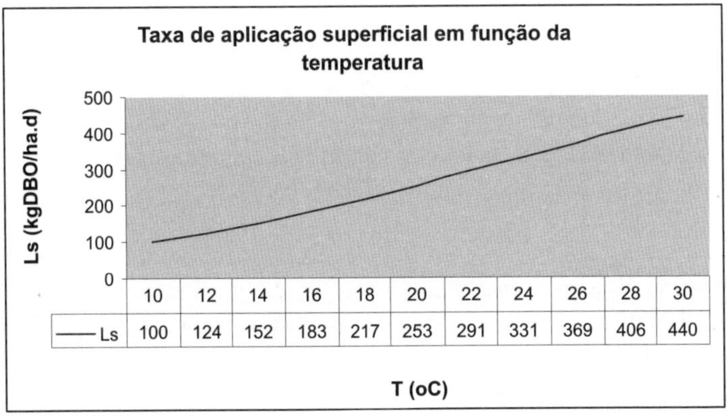

T (oC)	10	12	14	16	18	20	22	24	26	28	30
Ls	100	124	152	183	217	253	291	331	369	406	440

Fig. 2.9. Valores da taxa de aplicação superficial em função da temperatura média do ar no mês mais frio (segundo Equação 2.3, de Mara, 1997)

Para a utilização da Equação 2.3 no Brasil, pode-se usar os dados de temperatura média do ar em julho obtidos do site do INMET (www.inmet.gov.br). A aplicação da equação a estes dados resulta na Figura 2.10. Os valores de L_s são apresentados arredondados, e limitados ao valor máximo de 350 $kgDBO_5$/ha.d. A experiência local tem mostrado que, no nordeste do Brasil, em função da grande radiação solar, os valores podem ser um pouco superiores aos da figura. Também é provável que, na região amazônica, devido à grande pluviosidade e menor tempo de exposição solar, a taxa de aplicação deva ser um pouco menor do que a estimada simplesmente pela temperatura.

Naturalmente que a utilização de uma fórmula empírica é apenas para uma estimativa inicial da taxa de aplicação superficial. Como comentado, caso haja experiências locais, bem como outras evidências climatológicas, que sugiram a adoção de outros valores, deve-se sempre levar em consideração estas especificidades ao se selecionar o valor de L_s. O referido site do INMET apresenta dados e mapas de precipitação, evaporação, insolação e outros, os quais podem ser úteis na avaliação de fatores regionais, além da simples temperatura.

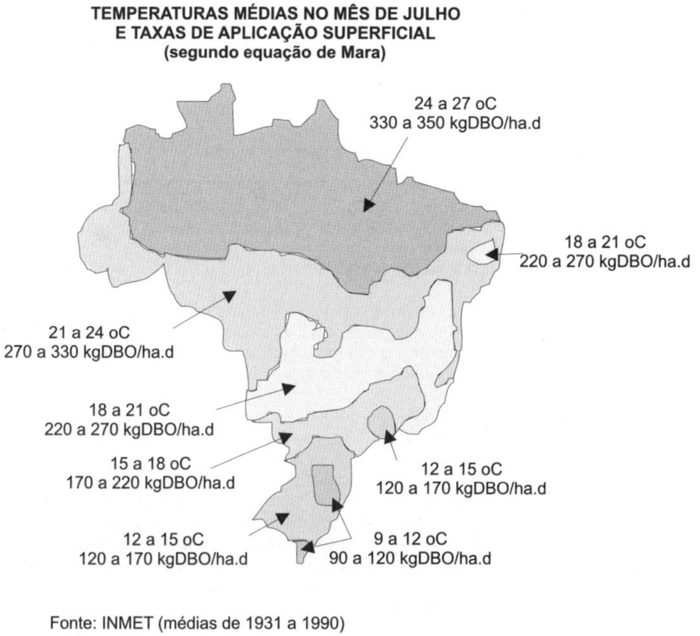

Fig. 2.10. Taxas de aplicação superficiais no Brasil, em função da temperatura média do ar no mês mais frio, tendo por base a equação de Mara (Equação 2.3)

Não há um valor máximo absoluto de área, a partir do qual o sistema de lagoas facultativas se torna inviável. No Brasil, há um sistema de lagoas ocupando 100 ha. Na Argentina e Austrália, há sistemas com mais de 300 ha. A desejabilidade de se adotar processos de tratamento mais compactos, no caso de se necessitar de grandes lagoas, depende essencialmente das condições locais, da topografia, da geologia e do custo do terreno. A minuta do Projeto de Norma para Lagoas (1991) recomenda que a área de uma lagoa facultativa não seja superior a 15 ha. Nestas condições, deve-se dividir o sistema em um maior número de lagoas.

b) Profundidade

Como visto, a zona aeróbia da lagoa facultativa depende da penetração da luz solar para suportar a atividade fotossintética. A intensidade da luz incidente sobre o corpo d'água tende a se extinguir exponencialmente à medida que esta penetra ao longo da profundidade. Tal fenômeno ocorre mesmo na água destilada, embora em menor magnitude. Quanto maior a cor, turbidez da água e a própria concentração de algas, mais rapidamente a luz se extingue. Abaixo de uma certa profundidade na lagoa, o ambiente é impróprio para o crescimento de algas.

Com base nos critérios de área e volume discutidos acima, a profundidade H da lagoa é um compromisso entre o volume requerido V e a área requerida A, considerando-se que H=V/A. No entanto, outros aspectos influem na seleção da profundidade da lagoa (Arceivala, 1981), como listado no Quadro 2.3.

Quadro 2.3. Aspectos relacionados à profundidade da lagoa

Profundidade	Aspecto
Rasa	• As lagoas rasas, com profundidades inferiores a 1,0 m, podem se comportar como totalmente aeróbias. • A área requerida é bem elevada, de forma a cumprir com o requisito do tempo de detenção. • A penetração da luz ao longo da profundidade é praticamente total (a energia luminosa tende a se extinguir com a profundidade, mesmo em águas límpidas). • A produção de algas é maximizada e o pH é usualmente elevado (devido à fotossíntese), acarretando a precipitação de fosfatos e a dessorção de amônia (remoção de nutrientes). • Devido à baixa profundidade, pode haver o desenvolvimento de uma vegetação emergente, potencial abrigo para larvas de mosquitos (lagoas com profundidade em torno de 0,60 m ou menos). • As lagoas rasas são mais afetadas pelas variações da temperatura ambiente ao longo do dia, podendo atingir condições anaeróbias em períodos quentes (aumento da taxa de decomposição da matéria orgânica e maior influência da ressolubilização de subprodutos da decomposição anaeróbia no lodo de fundo).
Profunda	• Lagoas com profundidades mais elevadas possibilitam um maior tempo de detenção para a estabilização da matéria orgânica. • A performance da lagoa é mais estável e menos afetada pelas condições ambientais, produzindo um efluente com uma qualidade mais uniforme ao longo do ano. • Há um maior volume de armazenamento do lodo. • A camada inferior permanece em condições anaeróbias, nas quais a taxa de remoção da DBO e de mortandade de patógenos é mais reduzida. • A decomposição anaeróbia obviamente não consome o oxigênio dissolvido no meio. Assim, no cálculo do balanço de OD, pode-se levar em consideração a fração da matéria orgânica sujeita à decomposição anaeróbia. Usualmente, por uma questão de segurança, considera-se a DBO total afluente como vindo a exercer a demanda de oxigênio, e para tanto a produção fotossintética nas camadas superiores deve ser suficiente. • Os subprodutos da decomposição anaeróbia são liberados para as camadas superiores, exercendo ainda alguma demanda de oxigênio. Os riscos de mau cheiro são reduzidos, pelo fato da camada aeróbia oxidar química e bioquimicamente o gás sulfídrico gerado na decomposição anaeróbia. • As lagoas mais profundas permitem a expansão futura para a inclusão de aeradores, transformando-se em lagoas aeradas.

Em conclusão, o conhecimento disponível é ainda limitado para se otimizar a profundidade da lagoa, de forma a obter o maior número de benefícios. A faixa de profundidades a serem adotadas no projeto situa-se entre 1,5 a 3,0 m, embora a seguinte faixa seja mais usual:

$$H = 1,5 \text{ m a } 2,0 \text{ m}$$

c) Tempo de detenção

O tempo de detenção da lagoa está associado ao volume e à vazão de projeto:

$$\boxed{t = V/Q} \qquad (2.4)$$

onde:
t = tempo de detenção (d)
V = volume da lagoa (m^3)
Q = vazão média afluente (m^3/d)

A vazão média é a média entre a vazão afluente e a vazão efluente. A vazão efluente corresponde à vazão afluente menos as perdas mais ganhos:

$$Q_{média} = (Q_{afl} - Q_{efl})/2 \qquad (2.5)$$

$$Q_{efl} = Q_{afl} + Q_{precipitação} - Q_{evaporação} - Q_{infiltração} \qquad (2.6)$$

Na maior parte das vezes os componentes adicionais na Equação 2.6 podem ser desprezados. Por exemplo, em um local onde a precipitação anual média seja 1000 mm/ano e a evaporação seja 2000 mm/ano, a vazão afluente seja 3.000 m^3/d (1.095.000 m^3/ano) e a área superficial da lagoa seja 48.000 m^2 (vazão e área do Exemplo 2.3), tem-se (desprezando a infiltração):

$$Q_{efl} = 1.095.000\ m^3/ano + 1,0\ m/ano \times 48.000\ m^2 - 2,0\ m/ano \times 48.000\ m^2 =$$
$$= 1.095.000 + 48.000 - 96.000 = 1.047.000\ m^3/ano$$

Neste caso, a perda anual é de apenas 4,4% da vazão afluente. No entanto, dependendo das circunstâncias, em determinados meses secos poderá não haver precipitação, ao mesmo tempo em que se tem uma apreciável evaporação. Nestes casos, o balanço hídrico poderá ser afetado, e a perda (ou eventual ganho, numa situação oposta) pode ser mais significativa.

O tempo de detenção requerido para a oxidação da matéria orgânica varia com as condições locais, notadamente a temperatura. Em lagoas facultativas **primárias** tratando esgotos domésticos tem-se, usualmente, tempos de detenção variando de:

$$\boxed{t = 15 \text{ a } 45 \text{ dias}}$$

Os menores tempos de detenção ocorrem em regiões em que a temperatura do líquido é mais elevada, alcançando-se com isso uma redução no volume requerido para a lagoa. Além disso, o tempo de detenção requerido é função da cinética da remoção da DBO e do regime hidráulico da lagoa (ver Item 2.6.1). Em locais com esgotos concentrados (baixa vazão per capita de esgotos e alta concentração de DBO), o tempo de detenção tende a ser elevado.

No caso de águas residuárias altamente concentradas, o tempo de detenção é usualmente muito maior, uma vez que a área (e, indiretamente, o volume) foi calculada com base na carga orgânica, e não em vazão (a qual é comparativamente baixa, para uma dada carga de DBO). O fator determinante, no caso de efluentes industriais, continua sendo a taxa de aplicação orgânica.

Os critérios de taxa de aplicação superficial e de tempo de detenção são complementares, ou seja, a área e o volume obtidos devem ser coerentes. O tempo de detenção pode ser utilizado de uma das seguintes duas formas:

- *Adotar t como um parâmetro explícito de projeto.* Após ter sido adotado t, calcula-se V (V = t.Q). Como a área A já foi determinada com base no critério da taxa de aplicação, pode-se calcular H (H = V/A), e verificar se este encontra-se dentro da faixa apresentada no Item b.
- *Adotar um valor para a profundidade H, segundo os critérios do Item b.* Tendo-se H e A, calcula-se o volume V (V=A.H) e, em decorrência, o tempo de detenção t (t = V/Q). Com o valor de t, estima-se a concentração efluente de DBO (ver Item 2.6). Caso a concentração efluente não satisfaça os requisitos, deve-se aumentar o volume, ou seja, o tempo de detenção.

O segundo critério é mais prático, por adotar valores objetivos para a área superficial e a profundidade. O Exemplo 2.3 mostra a interpretação conjunta destes dois critérios.

d) Geometria da lagoa (relação comprimento / largura)

Como discutido no Item 2.6.1 a seguir, o regime hidráulico de fluxo em pistão é o mais eficiente em termos de remoção de compostos que seguem a cinética de primeira ordem, como a matéria orgânica. No entanto, o regime de mistura completa é mais indicado quando se tem despejos sujeitos a uma grande variabilidade de cargas e à presença de compostos tóxicos, pelo fato do reator de mistura completa prover uma imediata diluição do afluente no corpo d'água. Os sistemas de fluxo em pistão estão também sujeitos a uma elevada demanda de oxigênio próximo à entrada na lagoa, em virtude de se ter o esgoto bruto, sem diluição no corpo do reator. Neste local poderão ocorrer condições anaeróbias. Por esta última razão, tem-se que:

- *lagoas facultativas primárias:* usualmente não são projetadas aproximando-se de reatores de fluxo em pistão (elevada relação comprimento/largura) com a introdução de chicanas
- *lagoas de maturação ou de polimento, após reatores UASB*: após a remoção prévia de grande parte da matéria orgânica, há menos preocupações com sobrecarga nos trechos iniciais, e as lagoas podem ser alongadas ou com chicanas.

O projeto das lagoas poderá fazer um aproveitamento do terreno disponível e da sua topografia para se obter a relação mais adequada do comprimento/largura (L/B). Sistemas com L/B elevado tendem ao fluxo em pistão, enquanto lagoas com L/B próximo a 1,0 (lagoas quadradas) tendem ao regime de mistura completa. Mais freqüentemente, a relação L/B das lagoas facultativas se situa na seguinte faixa (EPA, 1983; Abdel-Razik, 1991):

Relação comprimento / largura (L/B) = 2 a 4

2.6. ESTIMATIVA DA CONCENTRAÇÃO EFLUENTE DE DBO

2.6.1. A influência do regime hidráulico

A remoção da DBO processa-se segundo uma *reação de primeira ordem* (na qual a taxa de reação é diretamente proporcional à concentração do substrato). Nestas condições, o regime hidráulico do reator (lagoa) influencia a eficiência do sistema.

Muito embora a cinética da remoção da DBO seja a mesma nos diferentes regimes hidráulicos, a concentração efluente de DBO varia. Segundo a cinética de primeira ordem, a taxa de remoção de DBO é tanto mais elevada quanto maior for a concentração de DBO no meio. Este aspecto tem grande implicação na performance do reator, como visto a seguir:

- **Reatores de fluxo em pistão**. Em reatores nos quais se tem uma maior concentração de DBO (por exemplo, próximo à entrada), a taxa de remoção será mais elevada neste ponto. Tal é o caso, por exemplo, dos reatores de *fluxo em pistão*, predominantemente longitudinais (a concentração próximo à entrada do reator é diferente da concentração na saída).
- **Reatores de mistura completa**. Reatores que, através de uma homogeneização em todo o tanque, possibilitam uma imediata dispersão do poluente, fazendo com que a sua concentração seja logo igualada à baixa concentração efluente, apresentam uma menor eficiência na remoção da DBO. Este é o caso dos reatores de *mistura completa*, predominantemente quadrados (a concentração no reator, próximo à entrada, é igual à concentração na saída).

Estes dois tipos de reatores idealizados caracterizam os limites, dentro dos quais, na prática, todos os reatores se enquadram. No tratamento de esgotos por lagoas de estabilização podem-se destacar os modelos hidráulicos descritos no Quadro 2.4.

Quadro 2.4. Características dos modelos hidráulicos mais freqüentemente utilizados no dimensionamento e avaliação de desempenho das lagoas de estabilização

Modelo Hidráulico	Esquema do Reator	Características
Fluxo em pistão		As partículas de fluido entram continuamente em uma extremidade do tanque, passam através do mesmo e são descarregadas na outra extremidade, na mesma seqüência em que entraram. O fluxo se processa como um êmbolo, sem misturas longitudinais. As partículas mantêm a sua identidade e permanecem no tanque por um período igual ao tempo de detenção hidráulico. Este tipo de fluxo é reproduzido em tanques longos, com uma elevada relação comprimento/largura, na qual a dispersão longitudinal é mínima. Estes reatores são também denominados tubulares. Os reatores de fluxo em pistão são reatores idealizados, uma vez que é bastante difícil se obter na prática a ausência total de dispersão longitudinal.
Mistura completa	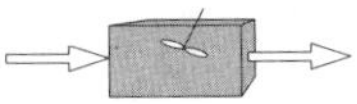	As partículas que entram no tanque são imediatamente dispersas em todo o corpo do reator. O fluxo de entrada e saída é contínuo. As partículas deixam o tanque em proporção à sua distribuição estatística. A mistura completa pode ser obtida em tanques circulares ou quadrados se o conteúdo do tanque for contínua e uniformemente distribuído. Os reatores de mistura completa são reatores idealizados, já que é difícil de se obter na prática uma dispersão total em todo o volume do reator.
Reatores de mistura completa em série	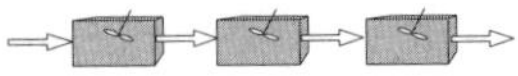	Os reatores de mistura completa em série são usados para modelar o regime hidráulico que existe entre os regimes ideais de fluxo em pistão e mistura completa. Se a série for composta de uma unidade apenas, o sistema reproduz um reator de mistura completa. Se o sistema apresentar um número infinito de reatores em série, o fluxo em pistão é reproduzido. O fluxo de entrada e saída é contínuo. Unidades em série são também comumente encontradas em lagoas de estabilização e de maturação.
Fluxo disperso	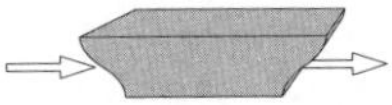	O fluxo disperso ou arbitrário é obtido em um sistema qualquer com um grau de mistura intermediário entre os dois extremos de fluxo em pistão e mistura completa. Na realidade, a maior parte dos reatores apresenta fluxo disperso. Devido à maior dificuldade na sua modelagem, são freqüentemente feitas aproximações para um dos modelos hidráulicos ideais. O fluxo de entrada e saída é contínuo.

A eficiência do sistema na remoção de poluentes modelados pela reação de primeira ordem (ex: DBO e coliformes) segue a ordem apresentada abaixo:

- *lagoa de fluxo em pistão* — maior eficiência
- *série de lagoas de mistura completa* — ⇩
- *lagoa única de mistura completa* — menor eficiência

O regime de fluxo disperso não foi enquadrado no esquema acima, por poder representar bem reatores que se aproximam, tanto de fluxo em pistão, quanto de mistura completa (ver Item 2.6.4).

A Figura 2.11 ilustra o comportamento da concentração de DBO em lagoas segundo os regimes de fluxo em pistão e mistura completa, assumindo-se uma reação de remoção de primeira ordem. Um maior detalhamento deste importante tópico pode ser encontrado no Capítulo 2 do Volume 2 da presente série.

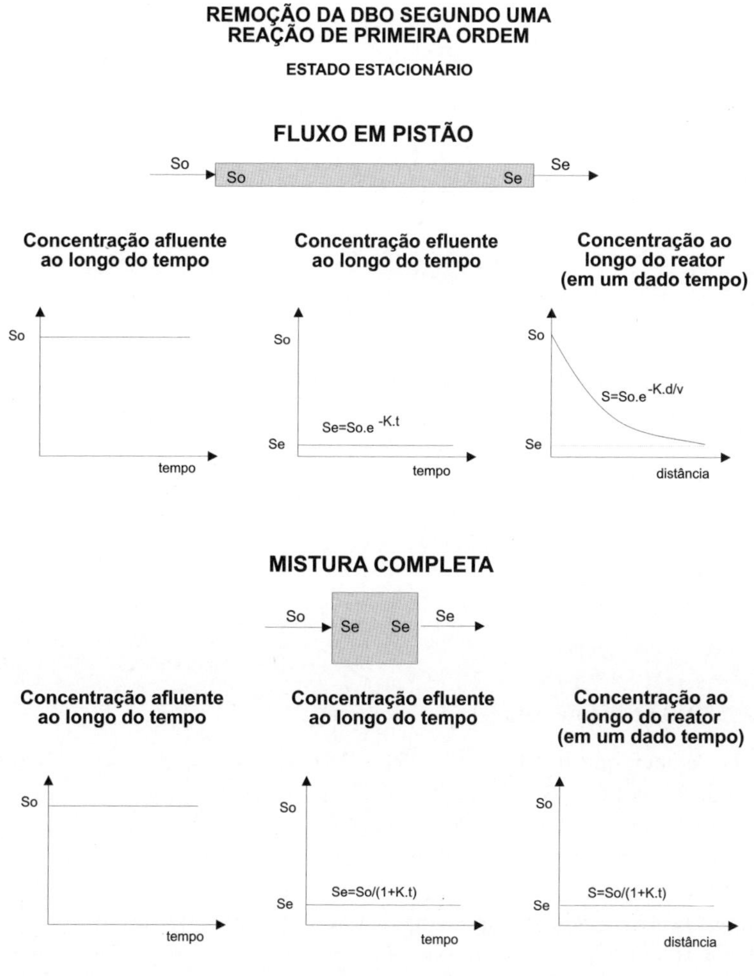

Fig. 2.11. Remoção da DBO segundo a cinética de primeira ordem em reatores de fluxo em pistão e mistura completa (S_o = concentração de DBO total afluente; S = concentração de DBO solúvel em um determinado ponto ou tempo; S_e = concentração de DBO solúvel efluente; t = tempo; d = distância horizontal de percurso ao longo do reator; v = velocidade horizontal).

O Quadro 2.5 apresenta as fórmulas para a determinação da concentração efluente de DBO solúvel nos diversos regimes hidráulicos.

Quadro 2.5. Fórmulas para o cálculo da concentração efluente S (DBO solúvel)

Regime Hidráulico	Esquema	Fórmula da Concentração de DBO_5 Solúvel Efluente (S)
Fluxo em pistão		$S = S_0 e^{-K.t}$
Mistura completa (1 célula)	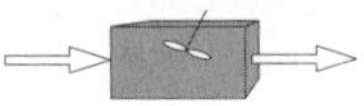	$S = \frac{S_0}{1 + K.t}$
Mistura completa (células iguais em série)	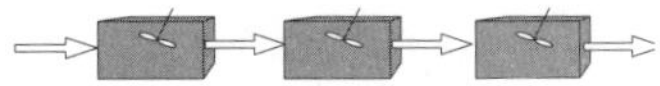	$S = \frac{S_0}{(1 + K\frac{t}{n})^n}$
Fluxo disperso	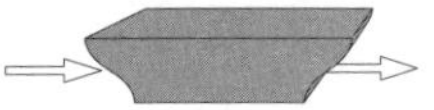	$S = S_0 . \frac{4ae^{1/2d}}{(1+a)^2 e^{a/2d} - (1-a)^2 e^{-a/2d}}$ $a = \sqrt{1 + 4K.t.d}$

S_o = concentração de DBO total afluente (mg/l)
S = concentração de DBO solúvel efluente (mg/l)
K = coeficiente de remoção de DBO (d^{-1})
t = tempo de detenção total (d)
n = número de lagoas em série (-)
d = número de dispersão (adimensional)

2.6.2. DBO efluente solúvel e particulada

Deve-se notar que, no Quadro 2.5, **S** é a **DBO efluente** solúvel. A **DBO afluente S_0** é admitida como a DBO total (solúvel + particulada), devido ao fato dos sólidos em suspensão orgânicos, responsáveis pela DBO particulada, serem convertidos em sólidos dissolvidos, através de enzimas lançadas ao meio pelas próprias bactérias. As bactérias assimilam, portanto, a DBO solúvel original dos esgotos (assimilação rápida) e a DBO particulada (após conversão a DBO solúvel). Assim, em princípio, toda a DBO (solúvel + particulada) estaria disponível para as bactérias. No entanto, a **DBO total do efluente** é causada por duas fontes: (a) DBO remanescente do esgoto bruto após tratamento (DBO solúvel) e (b) DBO causada pelos sólidos em suspensão no efluente (DBO particulada). Os sólidos em suspensão no efluente das lagoas facultativas são predominantemente algas, que poderão ou não exercer alguma demanda de oxigênio no corpo receptor, dependendo das suas condições de sobrevivência no mesmo. Os seguintes comentários podem ser feitos (Arceivala, 1981; Abdel-Razik, 1991; Mara et al, 1997):

- Caso as algas morram, a estabilização da fração orgânica de sua massa celular consumirá oxigênio.
- Se as algas forem consumidas pelo zooplâncton e entrarem na cadeia alimentar, pode ser vantajoso, no caso de se ter uma ambiente mais produtivo, por exemplo, para piscicultura.
- Se as algas continuarem a se multiplicar, elas poderão causar o efeito benéfico de produção de oxigênio. As algas realizam tanto fotossíntese quanto respiração, mas a quantidade de oxigênio produzido pela fotossíntese durante as horas do dia com luz solar é da ordem de 15 vezes mais que a consumida pela respiração durante as 24 horas do dia.
- Caso o efluente seja usado para irrigação, as algas podem ser também benéficas. As cianobactérias contribuem para a fixação do nitrogênio, e outras algas, quando mortas, liberam lentamente nutrientes, posteriormente utilizados pelas plantas, além de aumentarem a matéria orgânica no solo, aumentando sua capacidade de retenção de água. No entanto, concentrações excessivas de algas podem afetar a porosidade do solo.

Segundo Mara (1995), os sólidos em suspensão de lagoas facultativas são em torno de 60 a 90% algas. Cada 1 mg de algas gera uma DBO_5 em torno de 0,45 mg. Desta forma, 1 mg/l de sólidos em suspensão no efluente é capaz de gerar uma DBO_5 (no teste da DBO, e não necessariamente no corpo receptor) na faixa de $0{,}6 \times 0{,}45 \approx 0{,}3$ mg/l a $0{,}9 \times 0{,}45 \approx 0{,}4$ mg/l.

1 mg SS/l = 0,3 a 0,4 mgDBO_5/l

Dados de monitoramento em algumas lagoas na região Sudeste do Brasil conduziram aos seguintes valores, expressos em termos de DQO:

1 mg SS/l = 1,0 a 1,5 mgDQO/l

Devido à incerteza quanto a estes aspectos relacionados à sobrevivência das algas, uma abordagem prática pode ser a de se desconsiderar a DBO das algas, ou dos sólidos em suspensão, no efluente das lagoas facultativas. Assim, a DBO efluente das lagoas facultativas pode ser considerada como sendo apenas a <u>DBO solúvel</u>. De fato, a Comunidade Européia estabeleceu, em 1991, os seguintes padrões para efluentes de lagoas de estabilização (Council of the European Communities, 1991):

- DBO_5 solúvel (filtrada) ≤ 25 mg/l
- DQO solúvel (filtrada) ≤ 125 mg/l
- Sólidos em suspensão ≤ 150 mg/l

A legislação da maior parte dos países, incluindo o Brasil, não faz distinção entre as formas de DBO, considerando como padrão de lançamento os valores de DBO total. A concentração de SS no efluente de lagoas facultativas usualmente atende o padrão estabelecido pela Comunidade Européia, embora possa haver eventuais períodos com valores superiores ao estipulado.

Infelizmente não há nenhum modelo matemático que permita a previsão, com confiabilidade, da concentração de sólidos em suspensão no efluente da lagoa, dada sua grande variabilidade temporal em função das condições ambientais. Em termos de projeto, para a estimativa da DBO particulada, pode-se assumir uma determinada concentração de SS, na faixa de:

SS efluente = 60 a 100 mg/l

2.6.3. A remoção de DBO segundo o modelo de mistura completa

Como a relação comprimento / largura (L/B) usualmente empregada em lagoas facultativas primárias é da ordem de 2 a 4, tem-se que o regime hidráulico encontrado na realidade é o de fluxo disperso (ver Item 2.6.4). No entanto, tem sido mais freqüentemente adotado nos dimensionamentos de lagoas facultativas o <u>modelo de mistura completa</u> (para uma ou mais células), devido às seguintes razões:

- Os cálculos com o modelo de mistura completa são os mais simples.
- As lagoas facultativas não são especialmente alongadas, não se afastando excessivamente de um reator de mistura completa
- A maior parte dos coeficientes de remoção de DBO disponíveis na literatura são para mistura completa.

O valor do coeficiente de remoção de DBO (K) foi obtido por diversos pesquisadores em várias lagoas existentes em função da DBO de entrada e de saída e do tempo de detenção. O valor de K é sempre calculado em função do modelo hidráulico assumido. Em decorrência, os valores de K reportados na literatura estão associados ao regime hidráulico, devendo tal fato ser levado em consideração quando da seleção do valor a ser adotado para o projeto de uma nova lagoa. Como comentado, a maior parte dos autores assume o regime de mistura completa, mas esta hipótese nem sempre é explicitada ao se apresentar os valores de K. Ao se obter o valor de K tendo por base dados experimentais, deve-se sempre reportar a temperatura, vazão e as principais relações geométricas da lagoa (profundidade, comprimento e largura), além do modelo hidráulico assumido nos cálculos. Um outro ponto a ser lembrado é que, ao se calcular o valor de K, os seguintes valores de DBO devem ser considerados: (a) DBO afluente: DBO total; (b) DBO efluente: DBO solúvel.

Para o caso mais freqüente do dimensionamento segundo o modelo de mistura completa, tem-se a seguinte faixa de valores usualmente utilizados para dimensionamento (Silva e Mara, 1979; Arceivala, 1981; EPA, 1983; von Sperling, 2001):

Lagoa	K (20° C)
Lagoas primárias (recebendo esgoto bruto)	0,30 a 0,40 d^{-1}
Lagoas secundárias (recebendo efluentte de uma lagoa ou reator)	0,25 a 0,32 d^{-1}

Von Sperling (2001), analisando a remoção de DBO em 10 lagoas de estabilização primárias e secundárias no Sudeste do Brasil, encontrou os seguintes valores médios: lagoas primárias: K = 0,40 d^{-1} (4 dados); lagoas secundárias: K = 0,27 d^{-1} (6 dados); todas as lagoas: K = 0,32 d^{-1} (10 dados). O valor de K igual a 0,25 d^{-1} (para DQO) foi encontrado pelo autor e colaboradores em uma lagoa facultativa tratando o efluente de um reator UASB.

É natural que o coeficiente de remoção de DBO seja mais elevado em lagoas facultativas primárias, já que o esgoto bruto contém matéria orgânica de degradação mais fácil. Já o efluente de lagoas anaeróbias ou reatores anaeróbios possui matéria orgânica de degradação mais lenta, uma vez que a fração de degradação mais fácil foi removida nestes reatores. Em decorrência, as lagoas facultativas secundárias, lagoas de maturação ou lagoas de polimento devem ter valores de K mais reduzidos.

Para diferentes temperaturas, o valor de K pode ser corrigido através da seguinte equação:

$$K_T = K_{20} \cdot \theta^{(T-20)} \qquad (2.7)$$

onde:

K_T = coeficiente de remoção da DBO em uma temperatura do líquido T qualquer (d^{-1})
K_{20} = coeficiente de remoção da DBO na temperatura do líquido de 20°C (d^{-1})
θ = coeficiente de temperatura (-).

Deve-se notar que diferentes valores de θ são propostos na literatura. Para K=0,35 d^{-1}, citado pela EPA (1983), tem-se **θ=1,085**. Para K=0,30 d^{-1}, citado por Silva e Mara (1979), tem-se **θ=1,05.**

Ao se projetar lagoas, ou estações de tratamento de esgotos, deve-se ter sempre em mente que a incerteza no dimensionamento não está apenas nos coeficientes do modelo, mas também em todos os dados de entrada, a começar pela população e pela vazão de projeto. Os dimensionamentos devem ter sempre esta incerteza em perspectiva, de forma a não exagerar na sofisticação na obtenção de certos coeficientes, esquecendo-se de analisar a confiabilidade de outros dados possivelmente de maior influência (von Sperling, 1995).

O Exemplo 2.1 ilustra a determinação das concentrações efluentes de DBO e o cálculo da eficiência resultante, para um dado tempo de detenção e um valor de K adotado.

Exemplo 2.1

Calcular a concentração de DBO solúvel efluente (S) nos seguintes sistemas de lagoas facultativas: (a) uma célula de fluxo em pistão; (b) duas células de mistura completa em série; (c) uma célula de mistura completa. Dados:

- *DBO total afluente:* $S_o = 300$ *mg/l*
- *Coeficiente de remoção de DBO:* $K = 0{,}30\ d^{-1}$ *(adotado, para todos os sistemas)*
- *Tempo de detenção total:* $t = 30$ *dias*
- *Temperatura do líquido: 20°C*

Solução:

Utilizando-se as fórmulas do Quadro 2.5, tem-se:

Modelo hidráulico	Fórmula		DBO solúvel S (mg/l)	Eficiência E (%)
Fluxo em pistão ideal (1 célula)	$S = S_0 e^{-K.t}$	$S = 300.e^{-0,30x30}$	≤ 1	99,99
Mistura completa ideal (2 células)	$S = \frac{S_0}{(1+K\frac{t}{n})^n}$	$S = \frac{300}{(1+0,30x\frac{30}{2})^2}$	10	97
Mistura completa ideal (1 célula)	$S = \frac{S_0}{1+K.t}$	$S = \frac{300}{1+0,30x30}$	30	90

Eficiência: $E = (S_o - S).100/S_o$

Comentários:

- *Maior eficiência: fluxo em pistão*
- *Células em série são mais eficientes do que uma célula única*
- *Os resultados são obtidos admitindo-se que as lagoas comportam-se como reatores ideais e que o valor de K é o mesmo, independente do regime hidráulico*

- *Para lagoas facultativas primárias, o modelo de fluxo em pistão não é adequado, já que a geometria das lagoas primárias não é de um retângulo alongado, de forma a evitar sobrecargas orgânicas junto à entrada do afluente*
- *As eficiências calculadas baseiam-se somente na DBO solúvel efluente, e não levam em consideração a DBO particulada, também presente no efluente das lagoas*

2.6.4. A remoção de DBO segundo o regime hidráulico de fluxo disperso

Na realidade, o regime hidráulico em uma lagoa de estabilização não segue exatamente os modelos ideais dos reatores de mistura completa ou fluxo em pistão, mas sim um modelo intermediário. Os modelos de mistura completa e fluxo em pistão constituem um envelope, dentro do qual se situam todos os reatores na realidade. O modelo de **mistura completa** representa um extremo (*dispersão longitudinal infinita*), enquanto o modelo de **fluxo em pistão** representa o outro extremo (*dispersão longitudinal nula*). Dentro destes extremos situam-se os reatores modelados segundo o regime de **fluxo disperso**, compreendendo todas as lagoas encontradas na prática. Por esta razão, é importante o conhecimento do modelo de fluxo disperso, que pode ser utilizado como uma melhor aproximação para o projeto de lagoas de estabilização.

No entanto, a modelagem de uma lagoa segundo o fluxo disperso é mais complicada, pelo fato de se necessitar de dois parâmetros (coeficiente de remoção da DBO e número de dispersão), ao contrário dos modelos anteriores, em que se necessita do conhecimento apenas do coeficiente de remoção da DBO.

a) Coeficiente de remoção de DBO (K)

O valor do coeficiente de remoção de DBO (K) pode ser obtido através de uma das seguintes relações empíricas, obtidas em estudos de lagoas modeladas segundo o regime de fluxo disperso:

- Arceivala (1981) - fórmula original modificada, expressando a taxa de aplicação superficial L_s em termos de DBO_5:

$$K = 0{,}132.\log L_s - 0{,}146 \qquad (2.8)$$

- Vidal (1983) - fórmula original simplificada, excluindo-se o efeito da temperatura e do tempo de detenção (praticamente desprezíveis na formulação original):

$$K = 0{,}091 + 2{,}05\text{x}10^{-4}.L_s \qquad (2.9)$$

Deve-se destacar que o coeficiente de temperatura (θ) para a relação de Arceivala é **1,035**, diferentemente dos coeficientes expressos no Item 2.6.3. Com relação à equação de Vidal, a correção para a temperatura não foi expressa na forma usual de Arrhenius, mas através de análise da fórmula original obtém-se um valor de θ inferior a 1,035.

Para diferentes taxas de aplicação superficial, o Quadro 2.6 apresenta os valores de K segundo Arceivala e Vidal (para uma temperatura do líquido igual a 20°C, dentro da faixa de validade das equações). Observa-se que os valores de K obtidos pelas duas fórmulas são bastante semelhantes. Dados experimentais obtidos pelo autor e colaboradores em uma lagoa facultativa atuando como pós-tratamento de efluente de reator UASB, em escala real, na cidade de Itabira, mostraram bom ajuste com os coeficientes de remoção obtidos com ambas as equações.

Quadro 2.6. Valores do coeficiente de remoção da DBO (K) em função da taxa de aplicação superficial, para o modelo de fluxo disperso

Equação	L_S ($kgDBO_5/ha.d$)	120	140	160	180	200
Arceivala (1981)	K (d^{-1}) (20°C)	0,128	0,137	0,145	0,152	0,158
Vidal (1983)	K (d^{-1}) (20°C)	0,116	0,120	0,124	0,128	0,132

b) Número de Dispersão (d)

O outro parâmetro a ser determinado é o Número de Dispersão (d), o qual é expresso pela Equação 2.10.

$$d = D/U.L = D.t/L^2 \tag{2.10}$$

onde:

d = Número de Dispersão (-)
D = coeficiente de dispersão longitudinal (m^2/d)
U = velocidade média de percurso no reator (m/d)
L = comprimento do percurso longitudinal no reator (m)

Quando **d** tende a *infinito*, o reator tende ao regime de mistura completa. Por outro lado, quando **d** tende a *zero*, o reator tende ao regime de fluxo em pistão.

Para o cálculo de **d**, necessita-se determinar o coeficiente de dispersão D. Em reatores existentes, D pode ser obtido experimentalmente por meio de testes com traçadores. No caso do projeto de novas instalações, naturalmente **d** não é conhecido, e seu futuro valor deve ser estimado segundo algum critério. A literatura apresenta algumas relações empíricas, que podem ser utilizadas para esta estimativa preliminar:

- Polprasert e Batharai (1983):

$$d = \frac{0{,}184 . t . \upsilon . (B + 2 . H)^{0{,}489} . B^{1{,}511}}{(L . H)^{1{,}489}} \tag{2.11}$$

- Agunwamba et al (1992), fórmula original simplificada:

$$d = 0{,}102 . \left(\frac{3 . (B + 2 . H) . t . \upsilon}{4 . L . B . H}\right)^{-0{,}410} . \left(\frac{H}{L}\right) . \left(\frac{H}{B}\right)^{-(0{,}981+1{,}385 . H/B)} \tag{2.12}$$

- Yanez (1993)

$$d = \frac{(L / B)}{-0{,}261 + 0{,}254 . (L / B) + 1{,}014 . (L / B)^2} \tag{2.13}$$

- Von Sperling (1999)

$$d = \frac{1}{(L/B)} \tag{2.14}$$

onde:

L = comprimento da lagoa (m)
B = largura da lagoa (m)
H = profundidade da lagoa (m)
t = tempo de detenção (d)
υ = viscosidade cinemática da água (m^2/d)

A viscosidade cinemática da água é função da temperatura, de acordo com os dados apresentados no Quadro 2.7.

Quadro 2.7. Relação entre a viscosidade cinemática e a temperatura da água

Temperatura da água (°C)	Viscosidade cinemática (m^2/d)
10	0,113
15	0,098
20	0,087
25	0,077
30	0,069

Fonte: Metcalf & Eddy (1991)

Com base nos dados do Quadro 2.7, von Sperling (1999) obteve a seguinte correlação para a viscosidade cinemática da água em função da temperatura:

$$\upsilon = 0{,}325.T^{-0{,}450} \qquad (2.15)$$

(para T=10° a 30° C, $R^2 = 0{,}986$)

Deve-se ressaltar que o número de dispersão d pode variar temporalmente, em uma mesma lagoa, em função da variação de condições ambientais, as quais afetam a hidrodinâmica da lagoa. Kellner e Pires (1998) ressaltam as limitações associadas à estimativa da dispersão na lagoa, as quais devem estar sempre presentes na interpretação de resultados operacionais.

No entanto, para efeito de projeto, há a necessidade de uma abordagem prática, o que conduz à utilização das fórmulas empíricas. A Equação 2.12, de Agunwamba et al, foi reportada como dando um melhor ajuste aos dados experimentais que a Equação 2.11 (Polprasert e Agarwalla, 1994). O Quadro 2.8 apresenta faixas de valores médios de **d** obtidos através da utilização das Equações 2.12, 2.13 e 2.14. As equações de Agunwamba e Yanez fornecem resultados similares, para lagoas com comprimentos superiores a 100 m. A equação de von Sperling é essencialmente uma simplificação da equação de Yanez, conduzindo a praticamente os mesmos valores.

Quadro 2.8. Faixas de valores do Número de Dispersão, obtidos através da utilização das equações de Agunwamba et al (1992), Yanez (1993) e von Sperling (1999)

Modelo	Comprimento (m)	Profundidade (m)	L/B = 1	L/B = 2 a 4	L/B = 5 a 10
Agunwamba (Eq.2.12)	$L \leq 100$	1,5	0,4 - 0,7	0,1 - 0,4	0,03 - 0,17
		2,5	0,5 - 0,9	0,1 - 0,5	0,02 - 0,22
	$L > 100$	1,5	0,6 - 1,1	0,2 - 0,5	0,07 - 0,23
		2,5	0,7 - 1,3	0,2 - 0,7	0,10 - 0,30
Yanez (Eq.2.13)	-	-	1,0	0,24 - 0,46	0,1 - 0,2
von Sperling (Eq.2.14)	-	-	1,0	0,25 – 0,5	0,1 – 0,2

Limites de utilização da equação de Agunwamba, neste quadro: t = 20 a 40 d; $L \leq 300$ m; T = 20°C
Em cada coluna, para cada faixa de relações L/B, o menor valor de d corresponde ao maior valor de L/B

Uma comparação adicional entre os quatro métodos de estimativa do Número de Dispersão foi efetuado por von Sperling (2002). Uma série de 1000 conjuntos independentes de dados físicos, gerados aleatoriamente, foi utilizada para se comparar os valores de d resultantes dos quatro métodos. Em cada um dos 1000 conjuntos, os dados de entrada variaram aleatoriamente, cobrindo a maior parte das situações encontradas na prática. As faixas de variação foram: (a) relação comprimento/largura: L/B = 1 a 16; (b) comprimento da lagoa: L = 20 a 300 m; (c) profundidade da lagoa: H = 1,0 a 3,0 m; (d) tempo de detenção hidráulica: t = 3 a 40 d; (v) temperatura do líquido: T = 15 a 25 °C.

A Figura 2.12 mostra a matriz de correlação dos 1000 resultados do Número de Dispersão obtidos, segundo os quatro métodos. Pela figura, observa-se claramente que: (a) os modelos de von Sperling e Yanez conduzem a praticamente os mesmos resultados, em toda a faixa de valores de d; (b) o modelo de Agunwamba gera resultados próximos aos de von Sperling e Yanez, especialmente para menores valores de d; (c) o modelo de Polprasert gera valores bem distintos dos três outros modelos, especialmente na metade superior dos valores de d, segundo von Sperling e Yanez, e em toda a faixa de d, segundo o modelo de Agunwamba.

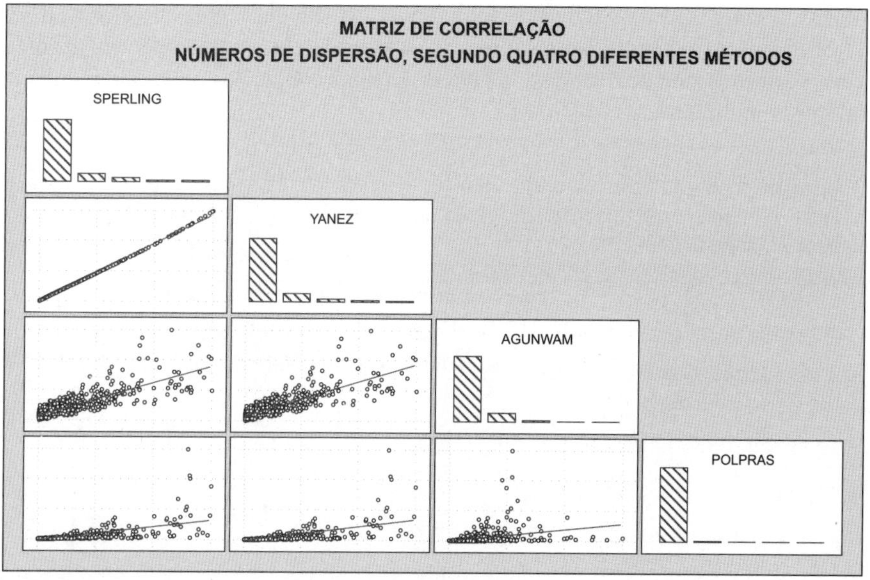

Fig. 2.12. Gráfico da matriz de correlação dos 1000 valores de d, gerados segundo os modelos de von Sperling, Yanez, Agunwamba et al e Polprasert e Batharai

c) Relação entre os coeficientes de remoção para diferentes regimes hidráulicos

Com relação ao coeficiente de remoção K, a princípio, o seu valor deveria ser o mesmo, tanto para o regime de mistura completa, quanto para o regime de fluxo disperso. No entanto, em lagoas existentes, na maioria das vezes o valor de K é estimado assumindo-se o modelo de mistura completa, conhecendo-se as concentrações de DBO na entrada (S_0) e na saída (S) e o tempo de detenção (t). Através de rearranjo da equação de S para a mistura completa (Quadro 2.5), pode-se obter o valor de K. Neste caso, o valor de K é superestimado, pois, na realidade, o regime hidráulico não é a mistura completa ideal, mas o fluxo disperso. Mesmo para uma lagoa quadrada, o número de dispersão d é igual a 1,0 (segundo Yanez e von Sperling – Equações 2.13 e 2.14), afastando-se bastante dos valores mais elevados que caracterizariam a mistura completa ideal.

O Quadro 2.9 apresenta a correspondência entre os valores de K calculados segundo os dois regimes hidráulicos (mistura completa e fluxo disperso), para diferentes valores de d (ou da relação L/B) e do par adimensional K.t (para fluxo disperso). Por exemplo, numa lagoa com relação L/B ≈ 2 (d = 0,5), tempo de detenção t = 27 d, K (fluxo disperso) = **0,15 d^{-1}**, tem-se: K.t = 27x0,15 ≈ 4. A relação K (mistura completa) / K (fluxo disperso) é, segundo o Quadro 2.8, para K.t = 4 e d = 0,5, igual a 2,21. Isto quer dizer que, caso o coeficiente K fosse determinado nesta lagoa assumindo-se mistura completa, obter-se-ia um valor de K = 2,21x0,15 = **0,33 d^{-1}**. Os valores de K citados na literatura para o regime de mistura completa situam-se entre 0,25 e 0,40 d^{-1} (ver Item 2.6.3), ou seja, próximos ao valor de 0,33 d^{-1} obtido neste exemplo. No entanto, caso a lagoa tivesse outras relações geométricas e outro tempo de detenção, a conversão dos coeficientes poderia conduzir a valores bem diferentes.

Quadro 2.9. Relação entre os coeficientes de remoção K obtidos no regime de mistura completa e no regime de fluxo disperso, para diferentes valores de K.t (fluxo disperso) e do número de dispersão d

K.t (fluxo disperso)	Relação K (mistura completa) / K (fluxo disperso)			
	d = 1,0 *L/B ≈ 1*	d = 0,5 *L/B ≈ 2*	d = 0,2 *L/B ≈ 4*	d = 0,1 *L/B ≈ 10*
0	1,00	1,00	1,00	1,00
1	1,14	1,23	1,40	1,52
2	1,29	1,52	1,95	2,32
3	1,46	1,83	2,68	3,55
4	1,64	2,21	3,66	5,39
5	1,83	2,65	4,95	8,18
6	2,04	3,15	6,62	12,28
7	2,27	3,73	8,81	18,21
8	2,53	4,39	11,60	26,81
9	2,79	5,14	15,16	39,11
10	3,08	6,01	19,66	56,50

d) Eficiência de remoção

Com os valores de d e K (fluxo disperso) pode-se estimar a eficiência da lagoa na remoção de DBO, segundo as fórmulas apresentadas no Quadro 2.5, para reatores de fluxo disperso. Nestas equações, quando se tem d=0, a fórmula produz resultados praticamente iguais aos da equação para fluxo em pistão. Similarmente, quando d=∞ ou, em termos práticos, bem alto, os resultados são bem próximos aos da mistura completa. Na fórmula do fluxo disperso, o segundo termo do denominador pode ser desprezado, por ser usualmente bem baixo. O Exemplo 2.2 ilustra um cálculo para uma lagoa de relações dimensionais convencionais.

Para se visualizar estes conceitos, a Figura 2.13 plota o produto adimensional K.t versus a eficiência de remoção da DBO, baseada em rearranjo de gráfico clássico de Thirumurty (1969).

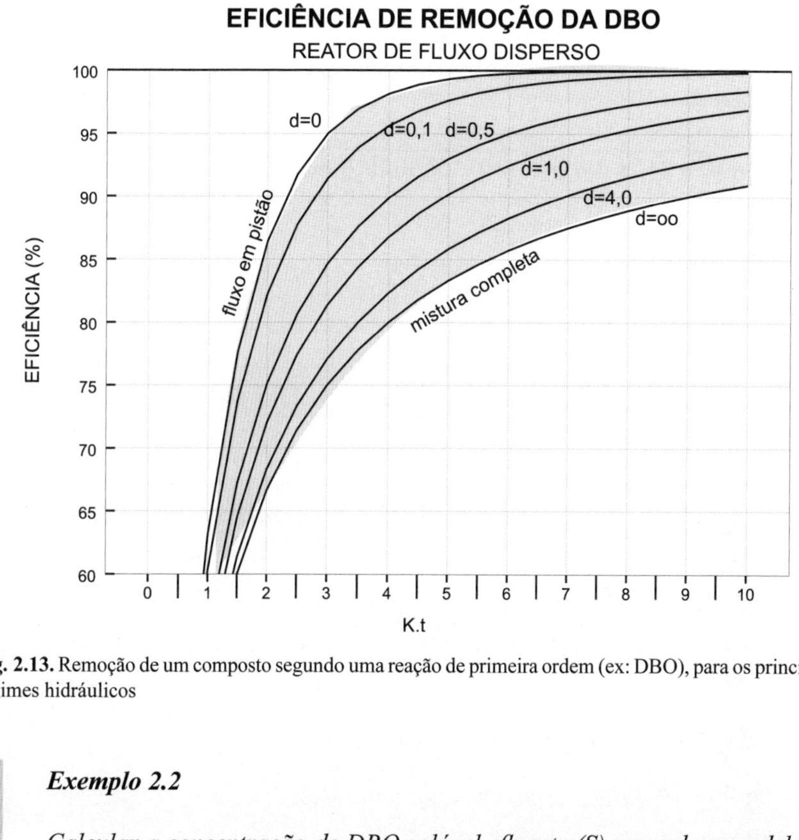

Fig. 2.13. Remoção de um composto segundo uma reação de primeira ordem (ex: DBO), para os principais regimes hidráulicos

Exemplo 2.2

Calcular a concentração de DBO solúvel efluente (S) segundo o modelo de fluxo disperso, para uma lagoa com os seguintes dados:

DBO afluente $S_o = 300\ mg/l$
Coeficiente de remoção: $K = 0{,}15\ d^{-1}$ *(adotado, dentro da faixa média do Quadro 2.6)*
Tempo de detenção: $t = 30\ d$
Geometria da lagoa: $L/B = 2$

Solução:

a) Estimativa do Número de Dispersão d

Considerando-se a relação L/B ser igual a 2, o número de dispersão situa-se entre 0,4 e 0,5, segundo as fórmulas de Agunwamba et al e de Yanez (ver equações 2.12 a 2.14). Adotar, no presente exemplo, o valor de 0,4.

b) Cálculo da concentração efluente S

Segundo as fórmulas expressas no Quadro 2.5 para reatores de fluxo disperso:

$$a = \sqrt{1+4K.t.d} = \sqrt{1+4x0,15x30x0,4} = 2,86$$

$$S = S_0.\frac{4ae^{1/2d}}{(1+a)^2 e^{a/2d} - (1-a)^2 e^{-a/2d}} =$$

$$= 300.\frac{4x2,86.e^{1/(2x0,4)}}{(1+2,86)^2.e^{2,86/(2x0,4)} - (1-2,86)^2.e^{-2,86/(2x0,4)}} = 22 \text{ mg}$$

Observa-se que este valor é intermediário entre os obtidos no Exemplo 2.1 para uma célula de mistura completa (S=10 mg/l) e 2 células em série (S=30 mg/l).

As mesmas considerações efetuadas acima sobre a conversão dos coeficientes K (fluxo disperso) para K (mistura completa) poderiam ter sido efetuadas.

c) Cálculo da eficiência na remoção da DBO

$E=100.(S_0-S)/S0 = 100x(300-22)/300 = 93\%$

O mesmo valor poderia ter sido obtido através da Figura 2.13, para d = 0,4 e K.t = 0,15x30 = 4,5.

As eficiências calculadas baseiam-se somente na DBO solúvel efluente, e não levam em consideração a DBO particulada, também presente no efluente da lagoa.

2.7. ARRANJOS DE LAGOAS

Como visto, o sistema de lagoas facultativas pode ser projetado para ter mais de uma lagoa, o que confere uma maior flexibilidade operacional. Ao se analisar a divisão em um maior número de unidades, deve-se levar em consideração os seguintes aspectos:

- Células em série. Um sistema de lagoas em série, com um determinado tempo de detenção total, possui uma maior eficiência do que uma lagoa única, com o mesmo tempo de detenção total. A implicação de tal é que, para uma mesma qualidade do efluente, pode-se ter uma menor área ocupada com um sistema de lagoas em série.
- Células em paralelo. Em princípio, um sistema de lagoas em paralelo possui a mesma eficiência que uma lagoa única. No entanto, o sistema possui uma maior flexibilidade e garantia, no caso de se ter de interromper o fluxo para uma lagoa, devido a algum problema ou eventual manutenção (embora deva ser rara). Desta forma, o funcionamento do sistema não será interrompido.
- Sobrecarga orgânica na primeira célula. Caso haja lagoas em série, deve-se levar em consideração o fato de que a primeira célula irá trabalhar sobrecarregada, por receber toda a carga afluente, com a possibilidade de se ter condições de anaerobiose. O projeto deverá avaliar o balanço de oxigênio nesta célula (produção e consumo), ou verificar se a taxa de aplicação superficial não é excessiva na primeira célula. Para contornar tal situação, células de diferentes tamanhos podem ser adotadas, com a primeira unidade possuindo a maior área. No entanto, as unidades subsequentes poderiam ser consideradas como sendo mais lagoas de maturação, do que lagoas facultativas propriamente ditas. Este aspecto de sobrecarga é bastante importante em lagoas primárias (que recebem esgoto bruto), e *freqüentemente restringe a utilização de lagoas facultativas em série*. Lagoas em série são mais utilizadas para a remoção de patógenos, nas quais não deveria haver problemas de sobrecarga na primeira lagoa da série.
- Divisões internas. A subdivisão de uma única lagoa em um maior número de lagoas implica na necessidade de taludes intermediários.
- Fluxo em pistão. Teoricamente, um número infinito de células em série corresponde ao fluxo em pistão, o qual seria o sistema mais eficiente na remoção da DBO. Assim, ao invés de se ter um elevado número de lagoas em série, pode-se ter uma lagoa com um percurso predominantemente longitudinal, conseguido através de uma série de curvas em U ou chicanas, formando um zig-zag. Neste caso, deve-se levar em consideração os aspectos mencionados acima, relativos à sobrecarga no trecho inicial, e à necessidade de taludes (ou divisões internas, como paredes ou lonas). O fluxo em pistão é mais utilizado para o polimento do efluente, como em lagoas de maturação, nas quais não há preocupação com sobrecarga no trecho inicial da lagoa. Para lagoas facultativas, Yanez (1993) sugere uma relação comprimento/largura de no máximo 8:1. No entanto, acredita-se que

relações menores, da ordem de 2 a 4 podem ser mais seguras do ponto de vista da sobrecarga orgânica.

2.8. ACÚMULO DE LODO

O lodo acumulado no fundo da lagoa é resultado dos sólidos em suspensão do esgoto bruto, incluindo areia, mais microrganismos (bactérias e algas) sedimentados. A fração orgânica do lodo é estabilizada anaerobiamente, sendo convertida em água e gases. Em assim sendo, o volume acumulado é inferior ao volume sedimentado.

A taxa de acúmulo média de lodo em lagoas facultativas é da ordem de apenas 0,03 a 0,08 m^3/hab.ano (Arceivala, 1981). Silva (1993) e Gonçalves (1999) apresentam valores de elevação média da camada de lodo em torno de 1 a 3 cm/ano. Como conseqüência desta baixa taxa de acúmulo, a ocupação de volume da lagoa é baixa. A menos que a lagoa esteja com uma alta carga, o lodo se acumulará por diversos anos, sem necessidade de qualquer remoção.

Do lodo acumulado, uma menor fração é representada pela areia. Apesar disso, considera-se necessária a remoção da areia, já que esta tende a se concentrar próximo às entradas, e na primeira célula de um sistema em série. Isto enfatiza a necessidade de um bom tratamento preliminar do esgoto.

A digestão anaeróbia do lodo de fundo pode gerar subprodutos solúveis não estabilizados os quais, ao serem reintroduzidos na massa líquida superior, são responsáveis por uma nova carga de DBO. Tal ocorre em maior taxa nos períodos mais quentes. Assim, os meses de verão podem não ser necessariamente os meses de melhor desempenho da lagoa (Abdel-Razik, 1991). O impacto deste fenômeno será maior ou menor, dependendo da magnitude da carga de DBO reintroduzida, comparada à carga de DBO afluente.

2.9. CARACTERÍSTICAS DE OPERAÇÃO

A interpretação da cor predominante na lagoa pode esclarecer sobre as condições de seu funcionamento (ver Quadro 2.10). Alguns destes aspectos são revistos no Item 10, relativo a manutenção e operação.

Quadro 2.10. Vinculação entre a cor da lagoa e a característica de funcionamento

Cor da lagoa	Interpretação
Verde escura e parcialmente transparente	• Presença pouco importante de outros microrganismos no efluente • Altos valores de pH e OD • Lagoa em boas condições
Verde amarelada ou excessivamente clara	• Crescimento de rotíferos ,protozoários ou crustáceos, que se alimentam das algas, podendo causar a sua destruição em poucos dias • Caso as condições persistam, haverá decréscimo do OD e eventual mau cheiro
Acinzentada	• Sobrecarga de matéria orgânica e/ou tempo de detenção curto • Fermentação na camada de lodo incompleta • A lagoa deve ser posta fora de operação
Verde leitosa	• A lagoa está em processo de autofloculação, decorrente da elevação do pH e da temperatura • Precipitação de hidróxidos de magnésio e de cálcio, arrastando consigo algas e outros microrganismos
Azul esverdeada	• Excessiva proliferação de cianobactérias • A floração de certas espécies forma natas que se decompõem facilmente, provocando a exalação de maus odores, reduzindo a penetração da luz e, em conseqüência, diminuindo a produção de oxigênio
Marron avermelhada	• Sobrecarga de matéria orgânica • Presença de bactérias fotossintéticas oxidantes de sulfeto (requerem luz e sulfetos, utilizam CO_2 como receptor de elétron, não produzem oxigênio e não contribuem para a remoção de DBO)

Fonte: Arceivala (1981); CETESB (1989)

2.10. POLIMENTO DE EFLUENTES DE LAGOAS

Há várias possíveis formas de se melhorar a qualidade do efluente de lagoas, visando principalmente uma remoção dos sólidos em suspensão (algas) efluentes, citando-se, entre outros: (a) filtros de areia intermitentes, (b) filtros de pedra, (c) micropeneiras, (d) lagoas com macrófitas flutuantes, (e) aplicação em solos com gramíneas, (f) banhados construídos, (g) processos de coagulação e clarificação, (h) flotação e (i) biofiltros aerados (EPA, 1983; WPCF, 1990; Mara et al, 1992; Oliveira e Gonçalves, 1995; Gonçalves et al, 2000; Crites e Tchobanoglous, 2000).

A inclusão de qualquer um destes processos deve naturalmente encontrar uma justificativa do ponto de vista das necessidades do corpo receptor (e não apenas para resguardar padrões de lançamento), por implicar na elevação dos custos e da complexidade do tratamento.

Os sistemas de pós-tratamento encontram uma maior aplicabilidade para a melhoria do efluente de lagoas já existentes. Possivelmente, em novos projetos, caso haja a necessidade de um efluente de elevadíssima qualidade em termos de DBO/DQO e nutrientes, outros sistemas de tratamento mais eficientes devam ser adotados desde o início, ao invés da combinação de lagoas facultativas com pós-tratamento. Alguns processos de remoção de algas são discutidos a seguir.

Filtros de pedra. Filtros de pedra consistem de leitos porosos de pedra submersos, nos quais as algas sedimentam, à medida que a água flui através do leito. As algas se decompõem, liberando nutrientes que são utilizados pelas bactérias que crescem na superfície do filtro. Além da remoção das algas, pode ocorrer também a nitrificação. O desempenho depende da taxa de aplicação, temperatura e tamanho e forma das pedras. Taxas de aplicação situam-se na ordem de 1,0 m^3 de efluente por m^3 de filtro de pedra por dia. As pedras possuem dimensões de cerca de 50 a 200 mm – valores maiores reduzem a área de exposição superficial, ao passo que valores menores podem conduzir a entupimentos. A altura do leito é em torno de 1,5 a 2,0 m. O efluente das lagoas deve ser introduzido abaixo da camada superficial para evitar problemas de odores. O conjunto pode situar-se dentro da lagoa. Os custos são baixos e a operação simples, estando associada à remoção periódica do húmus acumulado (Mara et al, 1992). As principais desvantagens estão associadas à possível geração de maus odores e ao fato de que a vida útil e os procedimentos de limpeza não estão ainda totalmente estabelecidos (WPCF, 1990; Crites e Tchobanoglous, 2000).

Filtros intermitentes de areia. Os filtros intermitentes de areia são algo similares aos filtros lentos, operados de forma intermitente. O efluente é disposto periodicamente na superfície do leito filtrante. Os sólidos em suspensão e a matéria orgânica são retidos nos primeiros 5 a 8 cm. Após colmatação, a camada superficial de areia é removida. A camada do leito tem uma espessura de cerca de 0,5 a 1,0 m, com uma areia de tamanho efetivo entre 0,2 e 0,3 mm. A taxa de aplicação hidráulica situa-se entre 0,2 a 0,6 $m^3/m^2.d$, com os menores valores associados a efluentes com teores de SS superiores a 50 mg/l e períodos frios (Crites e Tchobanoglous, 2000).

Macrófitas flutuantes. Com relação a macrófitas flutuantes, a utilização de lagoas com *aguapés* (*Eichhornia crassipes*) tem sido objeto de considerável polêmica. Os aguapés, por serem vegetais, são seres autótrofos, ou seja, não utilizam a matéria orgânica do esgoto. No entanto, o seu sistema radicular permite o desenvolvimento de uma biomassa capaz de estabilizar parte da matéria orgânica, além de adsorver outros poluentes, como metais pesados. O sistema radicular contribui ainda para uma maior sedimentação dos sólidos em suspensão. Embora não haja um consenso sobre o assunto, a maior parte das pessoas envolvidas diretamente com a operação destas lagoas comenta que os problemas suplantam os benefícios. Os aguapés crescem bastante rápido, e é necessária uma infra-estrutura de remoção dos aguapés compatível com a sua taxa de crescimento, de forma a impedir que as plantas mortas se dirijam para o fundo da lagoa, onde, ao sofrerem conversão anaeróbia, possibilitam a ressolubilização dos poluentes removidos.

Uma macrófita de manejo mais simples, devido ao seu menor tamanho, é a lentilha d'água (*Lemna sp.*). A lentilha se desenvolve na superfície da lagoa, diminuindo a penetração da energia luminosa, o que reduz a taxa de crescimento das algas. Em decorrência, o efluente sai mais clarificado. Lagoas com lentilhas d'água devem situar-se no final da série de lagoas, já que sua eficiência é menor do que uma lagoa de maturação na remoção de coliformes, mas geram um efluente com menor teor de

SS. As lentilhas podem ser coletadas e servir de alimento para peixes em uma outra lagoa, especificamente para esta finalidade.

Remoção físico-química. A remoção de SS por coagulação/floculação pode ser feita de forma simples locando-se as unidades dentro da própria lagoa. Gonçalves et al (2000) inseriram um tanque de mistura (t=1 min), uma unidade de floculação granular (t=7 min) e um decantador laminar (taxa de aplicação hidráulica = 70 $m^3/m^2.d$) dentro de uma lagoa facultativa. O coagulante que produziu melhores resultados foi o cloreto férrico, com uma dosagem de 80 mg/l. Boas remoções de SS (73%), DQO (58%) e fósforo (83%) foram alcançadas. O lodo era recirculado para a lagoa anaeróbia, não tendo sido observada alteração em seu desempenho.

2.11. EXEMPLO DE DIMENSIONAMENTO

Exemplo 2.3

Dimensionar uma lagoa facultativa, com base nos seguintes dados:

População = 20.000 hab
Vazão afluente: $Q = 3.000\ m^3/d$
DBO afluente: $S_o = 350\ mg/l$
Temperatura: $T = 23\ ^oC$ *(líquido no mês mais frio)*

Solução:

a) Cálculo da carga afluente de DBO_5

$$\text{carga} = \text{concentração x vazão} = \frac{350\,g/m^3 . 3000\,m^3/d}{1000\,g/kg} = 1.050\ kg/d$$

b) Adoção da taxa de aplicação superficial

$L_s = 220\ kgDBO_5/ha.d$ *(adotada – ver Item 2.5.a)*

c) Cálculo da área requerida

$$A = \frac{L}{L_S} = \frac{1.050\ kg/d}{220\ kg/ha.d} = 4{,}8\ ha = 48.000\ m^2$$

d) Adoção de um valor para a profundidade

H = 1,80 m (adotado)

e) Cálculo do volume resultante

$V = A.H = 48.000\ m^2\ .\ 1{,}80\ m = 86.400\ m^3$

f) Cálculo do tempo de detenção resultante

$$t = \frac{V}{Q} = \frac{86.400\,m^3}{3.000\,m^3/d} = 28{,}8d$$

g) Adoção de um valor para o coeficiente de remoção de DBO (K)

- *Regime de mistura completa, a 20 °C (ver Item 2.6.3)*

$K = 0{,}35\ d^{-1}$

- *Correção para a temperatura de 23 °C:*

Adotando um valor para o coeficiente de temperatura $\theta = 1{,}05$:

$K_T = K_{20}.\ \theta^{(T-20)} = 0{,}35\ .\ 1{,}05^{(23-20)} = 0{,}41\ d^{-1}$

h) Estimativa da DBO solúvel efluente

Utilizando-se o modelo de mistura completa (admitindo-se uma célula não predominantemente longitudinal), tem-se:

$$S = \frac{S_0}{1 + K.t} = \frac{350}{1 + 0{,}41x28{,}8} = 27\ mg/l$$

Nota*: caso houvesse sido adotado o modelo de* fluxo disperso*, com as dimensões L, B e H determinadas no Item m, conjuntamente com as equações do Item 2.6 (Quadro 2.5, Equações 2.12, 2.13 ou 2.14,* $K=0{,}15\ d^{-1}$ *para 20°C,* $\theta=1{,}035$*), ter-se-ia:*

- $d = 0{,}35$ *(segundo Eq. 2.12),* $d = 0{,}37$ *(segundo Eq. 2.13) ou* $d=0{,}40$ *(segundo Eq. 2.14)*
- $S = 23\ mg/l$

i) Estimativa da DBO particulada efluente

Admitindo-se uma concentração de SS efluente igual a 80 mg/l, e considerando-se que cada 1 mgSS/l implica numa DBO_5 *em torno de 0,35 mg/l (ver Item 2.6.2), tem-se:*

DBO_5 particulada = 0,35 mgDBO_5/mgSS x 80 mgSS/l = 28 mgDBO_5/l

Deve-se lembrar que a DBO particulada é detectada no teste da DBO, mas poderá não ser exercida no corpo receptor, dependendo das condições de sobrevivência das algas.

j) DBO total efluente

DBO total efluente = DBO solúvel + DBO particulada

DBO total efluente = 27 + 28 = 55 mg/l

l) Cálculo da eficiência na remoção da DBO

$$E = \frac{S_0 - S}{S_0}.100 = \frac{350 - 55}{350}.100 = 84\%$$

m) Dimensões da lagoa

As dimensões da lagoa são função do terreno e da topografia locais. Para o efeito deste exemplo, serão adotados valores inespecíficos.

Caso sejam adotadas 2 lagoas em paralelo e uma relação comprimento/largura (L/B) igual a 2,5 em cada lagoa, ter-se-á:

Área de 1 lagoa = 48.000/2 = 24.000 m²

$A = L.B = (2,5.B).B = 2,5.B^2$

$24.000\ m^2 = 2,5.B^2 \rightarrow B = [A/(L/B)]^{0,5} = (24.000/2,5)^{0,5} = 98,0\ m$

$L = (L/B) \times B = 2,5.B = 2,5 \times 98,0\ m = 245,0\ m$

- *Comprimento: L = 245,0 m*
- *Largura: B = 98,0 m*

n) Área total requerida para todo o sistema

A área total requerida para a lagoa, incluindo os taludes, urbanização, vias internas, laboratório, estacionamento e outras áreas de influência, é cerca de 25% a 33% maior do que a área líquida calculada a meia altura (Arceivala, 1981). Assim,

$$A_{total} = 1{,}3 . A_{líquida} = 1{,}3 x 48.000\,m^2 \cong 62.400\,m^2 \quad (6{,}2\ ha)$$

$$\text{Área per capita} = \frac{62.400\ m^2}{20.000\ hab} = 3{,}1\,m^2/hab$$

o) Acumulação de lodo

Acumulação anual = 0,05 m^3/hab . 20.000 hab = 1.000 m^3 /ano

Espessura em 1 ano:

$$\text{Espessura} = \frac{1.000\ m^3\ /ano . 1\ ano}{48.000 m^2} = 0{,}021\ m/ano = 2{,}1\ cm/ano$$

Espessura em 20 anos de operação:

Espessura: 2,1 cm/ano x 20 anos = 42 cm em 20 anos

Após 20 anos de operação, o lodo ocupa apenas 23% (=0,42m/1,80m) da profundidade útil das lagoas.

p) Arranjo do sistema

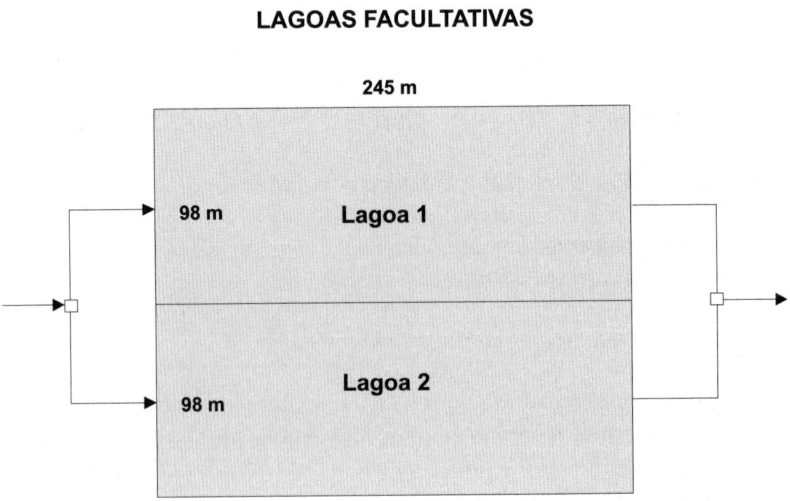

Capítulo 3

Sistema de lagoas anaeróbias seguidas por lagoas facultativas

3.1. INTRODUÇÃO

As lagoas anaeróbias constituem-se em uma forma alternativa de tratamento, onde a existência de condições *estritamente anaeróbias* é essencial. Tal é alcançado através do lançamento de uma grande carga de DBO por unidade de volume da lagoa, fazendo com que a taxa de consumo de oxigênio seja várias vezes superior à taxa de produção. No balanço de oxigênio, a produção pela fotossíntese e pela reaeração atmosféricas são, neste caso, desprezíveis.

As lagoas anaeróbias têm sido utilizadas para o tratamento de esgotos domésticos e despejos industriais predominantemente orgânicos, com altos teores de DBO, como matadouros, laticínios, bebidas etc.

A conversão da matéria orgânica em condições anaeróbias é lenta, pelo fato das bactérias anaeróbias se reproduzirem numa vagarosa taxa. Isto, por seu lado, é advindo de que as reações anaeróbias geram menos energia do que as reações aeróbias de estabilização da matéria orgânica. A temperatura do meio tem uma grande influência nas taxas de reprodução da biomassa e conversão do substrato, o que faz com que regiões de clima quente se tornem propícios a este tipo de lagoas.

As lagoas anaeróbias são usualmente profundas, da ordem de 3 m a 5 m. A profundidade é importante, no sentido de reduzir a possibilidade da penetração do oxigênio produzido na superfície para as demais camadas. Pelo fato das lagoas serem mais profundas, a área requerida é correspondentemente menor.

As lagoas anaeróbias não requerem qualquer equipamento especial e têm um consumo de energia praticamente desprezível (para uma eventual elevatória do esgoto bruto ou de recirculação do efluente final).

A eficiência de remoção de DBO nas lagoas anaeróbias é usualmente da ordem de 50% a 70%. A DBO efluente é ainda elevada, implicando na necessidade de uma unidade posterior de tratamento. As unidades mais utilizadas são as lagoas facultativas, compondo o *sistema de lagoas anaeróbias seguidas por lagoas facultativas*, também denominadas de *sistema australiano* (Fig. 3.1).

A remoção de DBO na lagoa anaeróbia proporciona uma substancial economia de área para a lagoa facultativa, fazendo com que o requisito de área total (lagoa anaeróbia + facultativa) seja em torno de 45 a 70% do requisito de uma lagoa facultativa única.

A existência de uma etapa anaeróbia em um reator aberto é sempre uma causa de preocupação, devido à possibilidade da geração de maus odores. Caso o sistema esteja bem equilibrado, a geração de mau cheiro não deve ocorrer, mas eventuais problemas operacionais podem conduzir à liberação de gás sulfídrico (H_2S), responsável por odores fétidos. Caso a concentração de sulfato no afluente seja inferior a 300 mg/l, haverá uma produção de sulfetos que não deve ser problemática (em condições anaeróbias, o sulfato é reduzido a sulfeto). Adicionalmente, caso o pH na lagoa esteja próximo à neutralidade, a maior parte dos sulfetos estará presente na forma do ion bissulfeto (HS^-), que não gera odores (Mara et al, 1992). Esgotos com baixos valores de pH (advindos de efluentes industriais, águas de abastecimento brandas, com baixa alcalinidade, elevada acidez e sem correção de pH) podem induzir a problemas de maus odores. Por essas razões, o sistema australiano é normalmente localizado onde é possível haver um grande afastamento das residências (durante todo o horizonte de operação das lagoas).

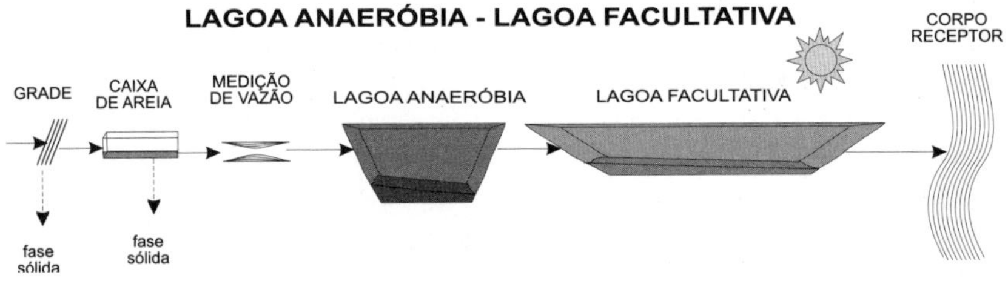

Fig. 3.1. Sistema de lagoas anaeróbias seguidas por lagoas facultativas

3.2. DESCRIÇÃO DO PROCESSO

De forma simplificada, a conversão anaeróbia se desenvolve em duas etapas:

- liquefação e formação de ácidos (através das *bactérias acidogênicas*)
- formação de metano (através das *bactérias metanogênicas*)

Na primeira fase não há remoção de DBO, apenas a conversão da matéria orgânica a outras formas (moléculas mais simples e depois ácidos). É na segunda etapa que a DBO é removida, com a matéria orgânica (ácidos produzidos na primeira etapa) sendo convertida a metano, gás carbônico e água, principalmente. O carbono orgânico é removido do meio líquido pelo fato do metano (CH_4) escapar para a atmosfera.

As bactérias metanogênicas são bastante sensíveis às condições ambientais. Caso sua taxa de reprodução se reduza, haverá o acúmulo dos ácidos formados na primeira etapa, com as seguintes conseqüências:

- interrupção da remoção da DBO
- geração de maus odores, pois os ácidos são extremamente fétidos.

É fundamental, portanto, que se tenha o adequado equilíbrio entre as duas comunidades de bactérias, garantindo a consecução de ambas as etapas. Para o adequado desenvolvimento das bactérias metanogênicas deve-se ter as seguintes condições:

- ausência de oxigênio dissolvido (as bactérias metanogênicas são *anaeróbias estritas*, não sobrevivendo na presença de oxigênio dissolvido)
- temperatura do líquido adequada (acima de 15°C)
- pH adequado (próximo ou superior a 7)

A atividade anaeróbia afeta a natureza dos sólidos, de tal forma que, na lagoa facultativa, eles apresentam uma menor tendência à fermentação e flutuação, além de se decomporem mais facilmente.

3.3. CRITÉRIOS DE PROJETO PARA AS LAGOAS ANAERÓBIAS

Os principais parâmetros de projeto das lagoas anaeróbias são:

- *Taxa de aplicação volumétrica*
- *Tempo de detenção*
- *Profundidade*
- *Geometria (relação comprimento / largura)*

O critério da *taxa de aplicação volumétrica* é o mais importante, sendo estabelecido em função da necessidade de um determinado volume da lagoa anaeróbia para a conversão da carga de DBO aplicada. O critério do *tempo de detenção* baseia-se no tempo necessário para a reprodução das bactérias anaeróbias.

a) Taxa de aplicação volumétrica

A taxa de aplicação volumétrica L_V, principal parâmetro de projeto das lagoas anaeróbias, é função da temperatura. Locais mais quentes permitem uma maior taxa (menor volume). A consideração da carga volumétrica é importante, pois certos despejos, como os industriais, podem variar bastante a relação entre a vazão e a concentração de DBO (carga = concentração x vazão). Assim, apenas o critério do tempo de detenção é insuficiente.

Mara (1997) propõe a relação entre as taxas de aplicação volumétricas e a temperatura apresentadas no Quadro 3.1 e na Figura 3.2. Os valores apresentados são de taxas admissíveis, e o projetista poderá desejar ficar a favor da segurança, adotando taxas menores.

Quadro 3.1. Taxas de aplicação volumétrica admissíveis para projeto de lagoas anaeróbias, em função da temperatura

Temperatura média do ar no mês mais frio - T (°C)	Taxa de aplicação volumétrica admissível – L_V ($kgDBO/m^3.d$)
10 a 20	0,02T – 0,10
20 a 25	0,01T + 0,10
> 25	0,35

Fonte: adaptado de Mara (1997)

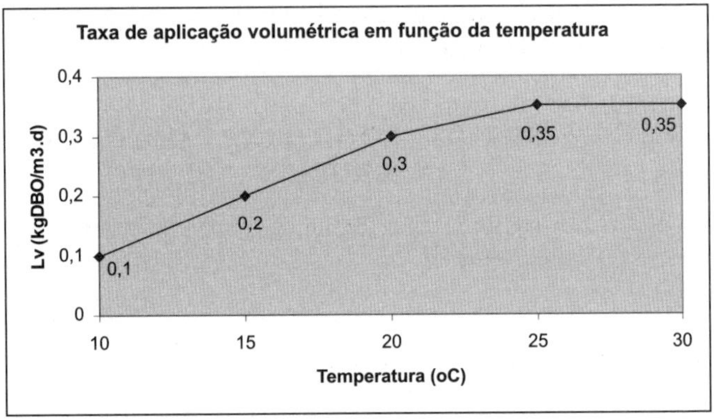

Fig. 3.2. Relação entre a taxa de aplicação volumétrica admissível em lagoas anaeróbias e a temperatura, segundo critérios de Mara (Quadro 3.1)

O volume requerido é obtido pela equação:

$$V = L / L_v \tag{3.1}$$

onde:

V = volume requerido para a lagoa (m^3)

L = carga de DBO total afluente (solúvel + particulada) ($kgDBO_5/d$)

L_v = taxa de aplicação volumétrica ($kgDBO_5/m^3.d$)

Para esgotos domésticos, o volume final a ser adotado para a lagoa anaeróbia é um compromisso entre os dois critérios (tempo de detenção e taxa volumétrica), devendo, tanto quanto possível, satisfazer a ambos. Para efluentes industriais, o critério definidor é o da taxa de aplicação volumétrica.

Em aplicações nas quais se tem uma grande variação da carga afluente, por exemplo, entre início e fim do horizonte de projeto, é importante que se verifique o atendimento aos critérios de projeto desde o início de operação. Caso a carga inicial seja baixa, pode ser interessante dividir-se a implantação em duas ou mais lagoas anaeróbias, com apenas uma ou poucas lagoas sendo implantadas na primeira etapa, de forma a garantir que as lagoas funcionem realmente como anaeróbias.

b) Tempo de detenção

Para esgotos domésticos, o tempo de detenção hidráulica normalmente situa-se na seguinte faixa:

$$t = 3{,}0 \text{ d a } 6{,}0 \text{ d}$$

Nas lagoas anaeróbias convencionais (com entrada do afluente acima da camada de lodo), com tempos inferiores a 3,0 dias, poderá ocorrer que a taxa de saída das bactérias metanogênicas com o efluente da lagoa (fatores hidráulicos) seja superior à sua própria taxa de reprodução, a qual é lenta (fatores biológicos). Nestas condições, não seria possível a manutenção de uma população bacteriana estável. Além da eficiência da lagoa anaeróbia se reduzir, ocorreria o aspecto mais grave do desequilíbrio entre a fase acidogênica e a metanogênica. A conseqüência seria o acúmulo de ácidos no meio, com geração de maus odores, pelo fato de haver poucas bactérias metanogênicas para dar continuidade à conversão dos ácidos.

Deve-se destacar, no entanto, que há uma tendência recente de se diminuir os tempos de detenção nas lagoas anaeróbias, para em torno de **2 dias** e, eventualmente 1 dia. Isto pode ser alcançado, caso o tempo de retenção da biomassa possa ser aumentado, e caso seja garantido um íntimo contato biomassa-esgoto. Estas condições podem ser cumpridas através de uma distribuição do afluente pelo fundo da lagoa, em vários pontos, buscando se aproximar a um reator anaeróbio de manta de lodo. O esgoto afluente, ao entrar na lagoa, tem contato direto com a biomassa anaeróbia, otimizando um aspecto de fundamental importância, relacionado ao contato matéria orgânica – biomassa. Lagoas anaeróbias tradicionais, que apresentavam problemas operacionais, tiveram uma melhoria do desempenho e redução na geração de odores, com a simples conversão da entrada para o fundo da lagoa.

Com tempos de detenção superiores a 6 dias, a lagoa anaeróbia poderia se comportar ocasionalmente como uma lagoa facultativa. Isto é indesejável, pois a presença de oxigênio é fatal para as bactérias metanogênicas. *As lagoas anaeróbias têm de funcionar como lagoas anaeróbias estritas, não podendo oscilar entre condições anaeróbias, facultativas e aeróbias.*

Após se ter calculado o volume da lagoa com base na taxa de aplicação volumétrica (L_V), o tempo de detenção hidráulica resultante é obtido por meio de:

$$t = V / Q \qquad (3.2)$$

onde:

t = tempo de detenção (d)
V = volume da lagoa (m^3)
Q = vazão média afluente (m^3/d)

c) Profundidade

A profundidade das lagoas anaeróbias é elevada, para garantir a predominância das condições anaeróbias, evitando que a lagoa trabalhe como facultativa. Na realidade, quanto mais profunda a lagoa, melhor. No entanto, escavações profundas tendem a ser mais caras. Valores usualmente adotados encontram-se na faixa de:

H = 3,5 m a 5,0 m

Quando não houver remoção prévia da areia, a lagoa anaeróbia deve ser dotada de profundidade adicional de pelo menos 0,5 m, junto à entrada, estendendo-se por pelo menos 25% da área da lagoa (Projeto de Norma para Lagoas, 1991). No entanto, acredita-se firmemente que a inclusão de unidades de desarenação é benéfica, por minimizarem problemas de acúmulo de areias próximo à tubulação de entrada , e por serem de operação bastante simples.

d) Geometria (relação comprimento / largura)

As lagoas anaeróbias variam entre quadradas ou levemente retangulares, com relações comprimento / largura (L/B) típicas entre:

Relação comprimento / largura (L/B) = 1 a 3

3.4. ESTIMATIVA DA CONCENTRAÇÃO EFLUENTE DE DBO DA LAGOA ANAERÓBIA

Não há ainda modelos matemáticos conceituais de utilização generalizada que possibilitem uma estimativa da concentração efluente de DBO das lagoas anaeróbias. Por este motivo, estas lagoas têm sido dimensionadas principalmente segundo critérios empíricos. Mara (1997) propõe as eficiências de remoção de DBO em função da temperatura apresentadas no Quadro 3.2 e ilustradas na Figura 3.3.

Quadro 3.2. Eficiências de remoção de DBO em lagoas anaeróbias, em função da temperatura

Temperatura média do ar no mês mais frio - T (°C)	Eficiência de remoção de DBO – E (%)
10 a 25	2T + 20
> 25	70

Fonte: Mara (1997)

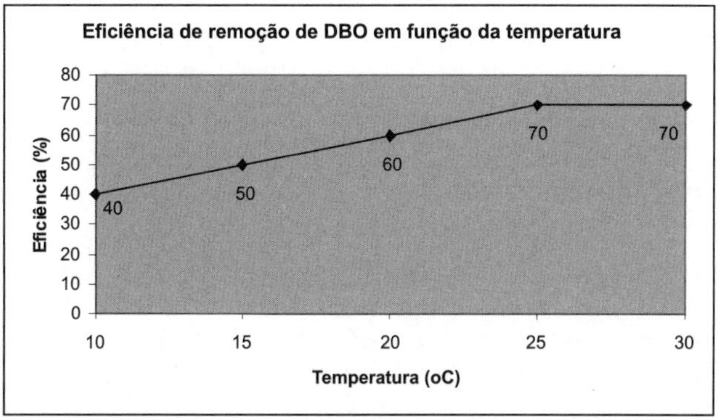

Fig. 3.3. Relação entre a eficiência de remoção de DBO em lagoas anaeróbias e a temperatura, segundo critérios de Mara (Quadro 3.2)

Uma vez estimada a eficiência de remoção (E), calcula-se a concentração efluente (DBO_{efl}) da lagoa anaeróbia utilizando-se as fórmulas:

$$E = (S_o - DBO_{efl}).100/S_o \qquad (3.3)$$

$$DBO_{efl} = S_o (1 - E/100) \qquad (3.4)$$

onde:
S_o = concentração de DBO total afluente (mg/l)
DBO_{efl} = concentração de DBO total efluente (mg/l)
E = eficiência de remoção (%)

Nesta abordagem empírica, a DBO efluente considerada é a DBO total, diferentemente dos cálculos das lagoas facultativas, nos quais se fracionava a DBO efluente em termos da DBO solúvel e da DBO particulada.

3.5. DIMENSIONAMENTO DAS LAGOAS FACULTATIVAS APÓS LAGOAS ANAERÓBIAS

As lagoas facultativas secundárias podem ser dimensionadas segundo os mesmos critérios de taxa de aplicação superficial descritos no Item 2.5. O tempo de detenção resultante será agora menor, devido à prévia remoção da DBO na lagoa anaeróbia.

Para o dimensionamento segundo a taxa de aplicação superficial, tem-se que a concentração e a carga de DBO *afluentes à lagoa facultativa* são as mesmas *efluentes da lagoa anaeróbia*. Há evidências de que a taxa de aplicação superficial nas lagoas facultativas secundárias poderia ser um pouco superior à adotada para lagoas primárias. No entanto, para efeito de projeto, é melhor posicionar-se a favor da segurança e considerar ambas iguais (Mara et al, 1992).

Em lagoas facultativas secundárias há maior flexibilidade com relação à geometria da lagoa, podendo ser adotadas lagoas mais alongadas, uma vez que os problemas de sobrecarga no trecho inicial da lagoa são reduzidos devido à remoção prévia de grande parte da DBO na lagoa anaeróbia.

A estimativa da concentração de DBO efluente da lagoa facultativa pode ser efetuada segundo a metodologia descrita no Item 2.6. O coeficiente de remoção K será neste caso um pouco menor, devido à matéria orgânica de estabilização mais fácil ter sido removida na lagoa anaeróbia. O remanescente da matéria orgânica é de degradação mais difícil, implicando em taxas de estabilização mais lentas. No Item 2.6.3, sugeriram-se os seguintes valores de K para lagoas facultativas secundárias, segundo o modelo de mistura completa:

$K = 0{,}25 \text{ a } 0{,}32\ d^{-1}$ (20 °C, lagoas facultativas secundárias, modelo de mistura completa)

3.6. ACÚMULO DE LODO NAS LAGOAS ANAERÓBIAS

As considerações aqui são similares às efetuadas no caso das lagoas facultativas (Item 2.8). A taxa de acúmulo é da ordem de 0,03 a 0,10 m^3/hab.ano (Mendonça, 1990; Gonçalves, 2000), sendo a faixa inferior mais usual em regiões de clima quente. Outros dados disponíveis são de taxas de acúmulo de 2 a 8 cm/ano (Silva, 1993; CETESB, 1989; Gonçalves, 2000). Estes valores de elevação anual da camada de lodo correspondem a taxas de acumulação inferiores a 0,03 m^3/hab.ano.

A problemática do lodo em lagoas anaeróbias é distinta das lagoas facultativas. Nestas, o sistema pode operar durante vários anos, eventualmente durante todo o período de projeto, sem necessitar de remoção do lodo (caso haja um bom sistema de desarenação no tratamento preliminar). No entanto, devido ao menor volume das lagoas anaeróbias, o acúmulo de lodo se faz sentir mais rapidamente, trazendo a necessidade de um adequado planejamento relacionado ao gerenciamento do lodo (ver Capítulo 12). As lagoas anaeróbias devem ser limpas segundo uma das seguintes estratégias:

- quando a camada de lodo atingir aproximadamente 1/3 da altura útil
- remoção de um certo volume anualmente, em um determinado mês, de forma a incluir a etapa de limpeza de uma forma sistemática na estratégia operacional da lagoa

Caso a remoção não seja por esvaziamento e secagem na lagoa, não se deve remover o lodo todo, pois, desta forma, perder-se-ia a biomassa, fazendo com que a lagoa anaeróbia tivesse de iniciar a partida novamente.

3.7. EXEMPLO DE DIMENSIONAMENTO

Exemplo 3.1

Dimensionar um sistema de lagoa anaeróbia - lagoa facultativa com os mesmos dados do Exemplo 2.3, ou seja:

População = 20.000 hab
Vazão afluente = 3.000 m^3/d
DBO afluente: S_o = 350 mg/l
Temperatura: T = 23 °C (líquido)

Solução:

a) Carga afluente de DBO

Pelo Exemplo 2.3:

L = 1.050 $kgDBO_5/d$

Dimensionamento da lagoa anaeróbia

b) Adoção da taxa de aplicação volumétrica L_v

L_v = 0,15 $kgDBO/m^3.d$

Este é um valor conservador (ver Item 2.3.a). No entanto, valores superiores conduziriam a um menor volume da lagoa e, em decorrência, a um baixo tempo de detenção (ver item d abaixo)

c) Cálculo do volume requerido

$$\text{volume} = \frac{\text{carga}}{\text{carga volumetrica}} \dashrightarrow V = \frac{L}{L_v} = \frac{1.050\ \text{kgDBO/d}}{0{,}15\ \text{kgDBO/m}^3\text{.d}} = 7.000\ \text{m}^3$$

d) Verificação do tempo de detenção

$$t = \frac{V}{Q} = \frac{7.000\,m^3}{3.000\,m^3/d} = 2{,}3\ d \qquad OK!$$

Lagoas com este baixo tempo de detenção devem ter a entrada do efluente pelo fundo, em contato com o lodo sedimentado.

e) Determinação da área requerida e dimensões

Profundidade H = 4,5 m (adotada)

$$\text{área} = \frac{\text{volume}}{\text{profundidade}} \;\text{--->}\; A = \frac{V}{H} = \frac{7.000m^3}{4{,}5m} = 1.556\,m^2$$

Adotar 2 lagoas

Área de cada lagoa: 1.556m²/2 = 778 m²

Possíveis dimensões de cada lagoa: 34 m x 23 m

f) Concentração de DBO efluente

Eficiência de remoção da DBO: E=60% (ver Item 2.4)

$DBO_{efl} = (1-E/100).S_o = (1 - 60/100) \times 350 = 0{,}4 \times 350 = 140\ mg/l$

O efluente da lagoa anaeróbia é o afluente à lagoa facultativa.

g) Acúmulo de lodo na lagoa anaeróbia

Adotando-se uma taxa de acúmulo de 0,04 m³/hab.ano (ver Item 2.6), tem-se:

$$\text{Acumulação anual} = 0{,}04\ m^3/\text{hab}.\text{ano} \times 20.000\ \text{hab} = 800\ m^3/\text{ano}$$

Espessura da camada de lodo em 1 ano:

$$\text{espessura} = \frac{\text{acumulação anual x tempo}}{\text{área da lagoa}} = \frac{800\ m^3/\text{ano}.1\ \text{ano}}{1.556\ m^2} = 0{,}51\ m/\text{ano} =$$

$$= 51\ cm/\text{ano}$$

Esta taxa de acúmulo anual, expressa em cm/ano, é superior aos valores citados no Item 3.6, provavelmente devido ao fato da lagoa, no presente exemplo, ser profunda e com baixo tempo de detenção (menor área superficial para espalhamento do lodo).

Tempo para se atingir 1/3 da altura útil das lagoas:

$$\text{Tempo} = \frac{\text{H/3}}{\text{Elevação anual}} = \frac{4{,}5\ \text{m}/3}{0{,}51\ \text{m/ano}} = 2{,}9\ \text{anos}$$

O volume de lodo acumulado ao longo deste período corresponde a 1/3 do volume útil das lagoas, ou seja, 7.000m^3*/3 = 2.333 m3 de lodo.*

O lodo deverá ser removido aproximadamente a cada 3 anos (volume de 2.333 m^3*) ou, anualmente (remoção de 800 m*^{3}*).*

Dimensionamento da lagoa facultativa

h) Carga afluente à lagoa facultativa

A carga efluente da lagoa anaeróbia é a carga afluente à lagoa facultativa. Com a eficiência de remoção de 60% na lagoa anaeróbia, a carga afluente à lagoa facultativa é:

$$L = \frac{(100 - E).L_0}{100} = \frac{(100 - 60).1.050}{100} = 420\ \text{kg DBO/d}$$

i) Adoção da taxa de aplicação superficial

L_s *= 220 kgDBO/ha.d (igual à adotada no Exemplo 2.3)*

j) Área requerida

$$A = \frac{L}{L_s} = \frac{420\ \text{kgDBO/d}}{220\ \text{kgDBO/ha.d}} = 1{,}9\ \text{ha}\quad (19.000\text{m}^2)$$

Adotar 2 lagoas

Área de cada lagoa: 19.000m^2*/2 = 9.500 m*^{2}

Possíveis dimensões de cada lagoa: L = 155 m e B = 62 m (relação L/B = 2,5)

l) Adoção de um valor para a profundidade

H = 1,80 m (adotado)

m) Cálculo do volume resultante

$V = A.H = 19.000\ m^2 \times 1,80\ m = 34.200\ m^3$

n) Cálculo do tempo de detenção resultante

$$t = \frac{V}{Q} = \frac{34.200\,m^3}{3.000\,m^3/d} = 11,4\ d$$

o) Adoção de um valor para o coeficiente de remoção de DBO (K)

- *Regime de mistura completa, a 20 °C:*

$K = 0,27\ d^{-1}$ *(adotado – ver Item 3.5)*

- *Correção para a temperatura de 23 °C:*

$K_T = K_{20}.\ \theta^{(T-20)} = 0,27 \times 1,05^{(23-20)} = 0,31\ d^{-1}$

p) Estimativa da DBO solúvel efluente

Utilizando-se o modelo de mistura completa, já que a lagoa não é predominantemente longitudinal (relação comprimento/largura de 2,5), tem-se:

$$S = \frac{S_0}{1 + K.t} = \frac{140}{1 + 0,31 \times 11,4} = 31\,mg/l$$

q) Estimativa da DBO particulada efluente

Admitindo-se uma concentração de SS efluente igual a 80 mg/l, e considerando-se que cada 1 mgSS/l implica numa DBO_5 em torno de 0,35 mg/l (ver Item 2.6.2), tem-se:

DBO_5 particulada = 0,35 mgDBO_5/mgSS x 80 mgDBO_5/l = 28 mgDBO_5/l

Deve-se lembrar que a DBO particulada é detectada no teste da DBO, mas poderá não ser exercida no corpo receptor, dependendo das condições de sobrevivência das algas.

r) DBO total efluente

DBO total efluente = DBO solúvel + DBO particulada

DBO efluente = 31 + 28 = 59 mg/l

s) Cálculo da eficiência total do sistema de lagoa anaeróbia-lagoa facultativa na remoção da DBO

$$E = \frac{(S_0 - DBO_{efl})}{S_0}.100 = \frac{350-59}{350} x100 = 83\%$$

t) Área útil total (lagoas anaeróbia + facultativa)

Área útil total = 0,16 ha + 1,9 ha = 2,1 ha

u) Área total requerida

A área total é da ordem de 25% a 33% superior à área útil requerida. Assim, a área total ocupada pelo sistema de lagoas e estruturas auxiliares é de:

Área total = 1,3 x 2,1 = 2,7 ha

$$\text{Área per capita} = \frac{27000\,m^2}{20.000\text{ hab}} = 1{,}4\,m^2/\text{hab}$$

Com as lagoa facultativas primárias (Exemplo 2.3), a área total requerida foi de 6,2 ha. Há, portanto, uma substancial economia de área (56%). O tempo de detenção total no presente exemplo é de 13,7 d (= 2,3 + 11,4), bastante inferior ao de uma lagoa facultativa única (28,8 m).

Deve-se lembrar que estes requisitos de área aplicam-se ao presente exemplo, o qual está associado a uma temperatura relativamente elevada do líquido, o que permite elevadas taxas de aplicação e eficiências de remoção. Em aplicações em locais mais frios, a área requerida será, naturalmente, maior.

v) Arranjo do sistema

SISTEMA DE LAGOAS ANAERÓBIAS - LAGOAS FACULTATIVAS

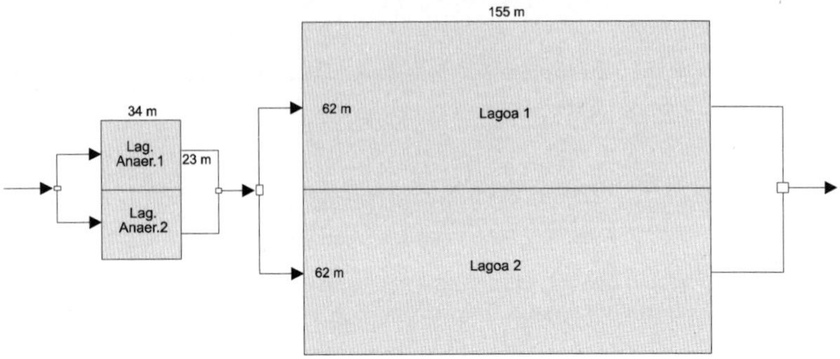

CAPÍTULO 4

Lagoas aeradas facultativas

4.1. INTRODUÇÃO

A lagoa aerada facultativa (Figura 4.1) é utilizada quando se deseja ter um sistema predominantemente aeróbio, e de dimensões mais reduzidas que as lagoas facultativas ou o sistema de lagoas anaeróbias seguidas por lagoas facultativas.

A principal diferença com relação à lagoa facultativa convencional é quanto à forma de suprimento de oxigênio. Enquanto na lagoa facultativa o oxigênio é advindo da fotossíntese, no caso da lagoa aerada facultativa o oxigênio é obtido principalmente através de *aeradores*.

Devido à introdução de mecanização, as lagoas aeradas são menos simples em termos de manutenção e operação, comparadas com as lagoas facultativas convencionais. A redução dos requisitos de área é conseguida, portanto, com uma certa elevação no nível de operação, além da introdução do consumo de energia elétrica.

As lagoas facultativas convencionais sobrecarregadas e sem área para expansão podem ser convertidas a lagoas aeradas facultativas, através da inclusão de aeradores. É interessante, no entanto, prever esta possibilidade desde o período de projeto, como parte da etapalização da estação, para que possa ser selecionada uma profundidade que seja compatível como os futuros equipamentos de aeração e colocadas placas protetoras de concreto no fundo, abaixo dos aeradores.

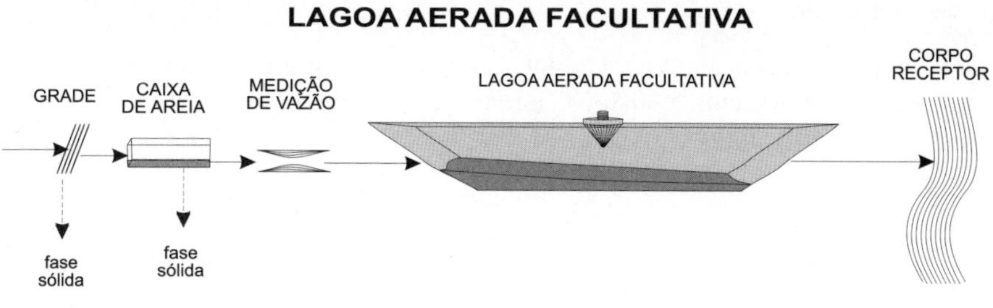

Fig. 4.1. Lagoa aerada facultativa

4.2. DESCRIÇÃO DO PROCESSO

A lagoa é denominada facultativa pelo fato do nível de energia introduzido pelos aeradores ser suficiente apenas para a oxigenação, mas não para manter os sólidos (biomassa e sólidos em suspensão do esgoto bruto) dispersos na massa líquida. Desta forma, os sólidos tendem a sedimentar e constituir a camada de lodo de fundo, a ser decomposta anaerobiamente. Apenas a DBO solúvel e a DBO representada pelos sólidos de menores dimensões permanecem na massa líquida, vindo a sofrer decomposição aeróbia. Portanto, em termos da distribuição da biomassa heterotrófica, a lagoa se comporta como uma lagoa facultativa convencional.

Os aeradores mecânicos mais comumente utilizados em lagoas aeradas são unidades de eixo vertical que, ao rodarem em alta velocidade, causam um grande turbilhonamento na água. Este turbilhonamento propicia a penetração do oxigênio atmosférico na massa líquida, onde ele se dissolve. Com isto, consegue-se uma maior introdução de oxigênio, comparada à lagoa facultativa convencional, permitindo a que a decomposição da matéria orgânica se dê mais rapidamente. Em decorrência, o tempo de detenção do esgoto na lagoa pode ser menor (da ordem de 5 a 10 dias), ou seja, o requisito de área é bem inferior.

4.3. CRITÉRIOS DE PROJETO

O dimensionamento das lagoas aeradas facultativas é similar ao das lagoas facultativas no que diz respeito à cinética da remoção da DBO. Não há requisitos de área superficial (taxas de aplicação superficiais), pelo fato do processo independer da fotossíntese. Alguns critérios de projeto são específicos para o sistema de aeração, sendo descritos nos itens 4.5 e 4.6.

Os seguintes critérios devem ser levados em consideração:

- *tempo de detenção*
- *profundidade*

a) Tempo de detenção

O tempo de detenção deve ser adotado de forma a permitir uma remoção satisfatória da DBO, segundo a cinética de remoção descrita no Item 4.4.a. De maneira geral, adotam-se valores variando de:

t = 5 a 10 d

b) Profundidade

A profundidade da lagoa deve ser selecionada de forma a satisfazer os seguintes critérios:

- compatibilidade com o sistema de aeração
- necessidade de uma camada aeróbia de aproximadamente 2 m para oxidar os gases da decomposição anaeróbia do lodo de fundo

Usualmente, adotam-se valores da profundidade H na faixa de:

H = 2,5 a 4,0 m

4.4. ESTIMATIVA DA CONCENTRAÇÃO EFLUENTE DE DBO

A estimativa da concentração efluente de DBO segue um procedimento similar ao utilizado para as lagoas facultativas (Item 2.6). A influência do regime hidráulico da lagoa deve ser também levado em consideração, embora se considere, na maioria dos projetos, as fórmulas correspondentes ao regime de mistura completa. As fórmulas para a estimativa do Número de Dispersão d, apresentadas no Item 2.6, não devem ser empregadas aqui, pois são específicas para lagoas facultativas sem aeração.

De forma similar às lagoas facultativas, o efluente das lagoas aeradas facultativas é constituído de *matéria orgânica dissolvida* (**DBO solúvel**) e *matéria orgânica em suspensão* (**DBO particulada**). No entanto, a DBO particulada não é mais associada predominantemente às algas.

$$DBO_{tot} = DBO_{sol} + DBO_{part} \qquad (4.1)$$

onde:

DBO_{tot} = DBO_5 total do efluente (mg/l)

DBO_{sol} = DBO_5 solúvel do efluente (mg/l)

DBO_{part} = DBO_5 particulada do efluente (mg/l)

A matéria orgânica *em suspensão* é representada principalmente pelas próprias bactérias responsáveis pela estabilização da matéria orgânica. Apesar da lagoa aerada facultativa permitir a sedimentação dos sólidos, nem todos se sedimentam. O protoplasma das bactérias é constituído, em grande parte, por matéria orgânica, a qual exerce uma demanda de oxigênio no corpo receptor e no teste da DBO. No caso das lagoas de estabilização facultativas (sem aeração), os sólidos do efluente são constituídos principalmente por algas, as quais contribuem até para a produção de oxigênio no corpo receptor. Por esta razão, a DBO do efluente das *lagoas facultativas sem aeração* é considerado, em algumas legislações, como sendo principalmente a DBO solúvel. Já no caso das *lagoas aeradas* (e dos demais processos de tratamento de esgotos, à exceção das lagoas facultativas sem aeração), deve-se considerar a DBO relacionada à fração orgânica dos sólidos em suspensão (DBO particulada).

a) DBO solúvel efluente

A estimativa da DBO solúvel efluente é feita utilizando-se as mesmas fórmulas apresentadas para as lagoas facultativas, as quais são função do regime hidráulico assumido para o reator (Item 2.6).

O valor do coeficiente de remoção K é, no caso das lagoas aeradas facultativas, mais elevado. Valores típicos para o regime de mistura completa situam-se na faixa de (Arceivala, 1981):

$$K = 0{,}6 \text{ a } 0{,}8\ d^{-1}$$

Este valor é para uma temperatura do líquido de 20°C. Para outras temperaturas, pode-se utilizar a Equação 2.3, com $\theta = 1{,}035$.

Com relação ao valor de S_0 a ser utilizado nas equações do Quadro 2.4 e para o dimensionamento do sistema de aeração, deve-se levar em consideração os seguintes aspectos. A lagoa facultativa permite a sedimentação da matéria orgânica particulada do esgoto bruto, a qual sofre o processo de decomposição *anaeróbia* no lodo de fundo. O valor da DBO afluente (S_0) a sofrer estabilização *aeróbia* é, desta forma, inferior ao valor total do esgoto bruto. O valor de S_0 a ser adotado nos cálculos depende da atividade anaeróbia, a qual é função da temperatura do líquido. Desta forma, em nosso meio, as seguintes duas condições podem ocorrer com relação à matéria orgânica no lodo (Arceivala, 1981):

- *Decomposição anaeróbia com hidrólise e acidificação, mas sem metanogênese*

S_0 = 100% da DBO total afluente

Clima: frio
Comentário: há regiões com períodos frios em que a etapa de metanogênese (realmente responsável pela remoção da DBO) não ocorre totalmente, implicando na liberação de subprodutos intermediários da decomposição, os quais exercem uma demanda de oxigênio na camada aeróbia. Desta forma, a DBO a requerer estabilização aeróbia pode ser considerada como sendo igual a S_0.

- *Decomposição anaeróbia com hidrólise, acidificação e metanogênese*

S_0 = 40 a 70% da DBO total afluente

Clima: quente
Comentário: em condições em que a temperatura do líquido é suficientemente elevada (> 15°C), a conversão anaeróbia é completa, incluindo todas as etapas. Pelo fato de uma parcela da DBO ser estabilizada anaerobiamente no fundo, o valor de

S_0 considerado para a estimativa da DBO efluente e dos requisitos de oxigenação é apenas uma fração da DBO afluente (em torno de 40 a 70%).

Para efeito de *dimensionamento*, pode-se considerar, por segurança, que a carga de DBO a ser estabilizada aerobiamente seja igual à carga total do esgoto afluente (S_0 = DBO do esgoto bruto):

Projeto: $S_0 = 100\%$ da DBO_5 total (solúvel + particulada) do esgoto afluente

b) DBO particulada efluente

Para se calcular a DBO particulada do efluente da lagoa aerada facultativa, é necessário que se estime a concentração de sólidos em suspensão no efluente da lagoa, já que a DBO particulada é causada exatamente pelos sólidos suspensos.

A quantidade de sólidos que permanecem em suspensão no meio líquido é função do nível de turbulência introduzido pelos aeradores. Este nível de turbulência, ou capacidade de mistura, é avaliado através do conceito da densidade de potência. A densidade de potência representa a *energia introduzida pelos aeradores por unidade de volume do reator*, sendo obtida por meio da fórmula:

$$\phi = Pot/V \qquad (4.2)$$

onde:

ϕ = densidade de potência (W/m^3)

Pot = potência instalada (W)

V = volume do reator (m^3)

Quanto maior a densidade de potência, maior a quantidade de sólidos em suspensão que ficam dispersos no meio líquido (Quadro 4.1). Os valores apresentados são apenas estimativas, uma vez que a intensidade de mistura depende do número e distribuição dos aeradores e no tamanho e geometria da lagoa.

Quadro 4.1. Valores da concentração de sólidos que podem ser mantidos em suspensão, em função da densidade de potência

Densidade de potência (W/m^3)	SS (mg/l)
0,75	50
1,75	175
2,75	300

As lagoas aeradas facultativas trabalham com baixas densidades de potência, pois um dos seus objetivos é exatamente possibilitar a sedimentação dos sólidos. Os valores da densidade de potência das lagoas aeradas facultativas situam-se usualmente dentro da seguinte faixa:

Densidade de potência: ϕ = 0,75 to 1,50 W/m^3

Em assim sendo, a concentração de SS no efluente da lagoa situar-se-ia na faixa em torno de 50 a 140 mg/l. No entanto, pode-se deixar a zona final da lagoa sem aeradores, induzindo a uma certa sedimentação dos sólidos, o que contribui para a obtenção de menores valores de SS no efluente. Valores usuais de SS passam então a situar-se aproximadamente na seguinte faixa:

SS efluente: 50 a 100 mg/l

Uma vez estimada a concentração de SS no efluente, pode-se proceder ao cálculo do valor esperado para a DBO particulada do efluente, através da seguinte relação:

DBO_{part} = 0,3 a 0,4 mgDBO_5/mgSS

Desta forma, cada 1 mg/l de SS gera uma DBO particulada entre 0,3 e 0,4 mg/l. Sabendo-se a concentração total de SS, estima-se a DBO particulada.

4.5. REQUISITOS DE OXIGÊNIO

A quantidade de oxigênio a ser fornecida pelos aeradores para a estabilização aeróbia da matéria orgânica é usualmente igual à DBO total última afluente. A DBO última (DBO_u) corresponde à demanda total de oxigênio exercida para a completa estabilização da matéria orgânica (ver Capítulo 2, Volume 1 da presente série). Em esgotos domésticos típicos, a DBO_u é atingida ao final de um longo período de tempo, da ordem de 20 dias. A DBO_u é, portanto, superior à DBO_5, pelo fato desta ser exercida apenas até o quinto dia. Freqüentemente adota-se a relação DBO_u/DBO_5 entre 1,2 e 1,5.

As considerações efetuadas no Item 4.4.a são aqui também válidas. Assim, a demanda de oxigênio pode ser admitida, por segurança, como sendo devida a toda a DBO do esgoto bruto, sem qualquer redução relacionada com a conversão anaeróbia no fundo.

No cômputo dos requisitos de oxigênio, pode-se *descontar* as seguintes parcelas:

- Parcela não estabilizada da DBO (S) saindo com o efluente. Isto se deve ao fato da eficiência do sistema na remoção da DBO ser inferior a 100%. Para a estimativa de S, ver o Item 4.4.a.
- Parcela da DBO não exercida pelos sólidos saindo com o efluente (sólidos que deixam de exercer demanda). Tal corresponde à DBO particulada (convertida a DBO última), abordada no Item 4.4.

A minuta de Projeto de Norma de Lagoas (1991) sugere que a massa de oxigênio a ser fornecida seja igual ou superior a 60% da carga de DBO_5 aplicada.

Considerando-se estes aspectos, tem-se que a quantidade a ser fornecida de oxigênio pode ser adotada como:

$$RO = a.Q.(S_o - S)/1000 \quad (4.3)$$

onde:

RO = requisito de oxigênio (kgO_2/d)
a = coeficiente, variando de 0,8 a 1,2 $kgO_2/kgDBO_5$
Q = vazão afluente (m^3/d)
S_o = concentração de DBO_5 total (*solúvel + particulada*) afluente (g/m^3)
S = concentração de DBO_5 *solúvel* efluente (g/m^3)
1000= conversão de kg para g (g/kg)

4.6. SISTEMA DE AERAÇÃO

Em nosso meio, os aeradores mais freqüentemente utilizados para as lagoas aeradas são os *aeradores mecânicos flutuantes de eixo vertical e alta rotação*. Recentemente têm sido empregados também os *aeradores de turbina com aspiração*. Para maiores informações com relação a sistemas de aeração, ver o Capítulo 5 do Volume 2 da presente série.

Ambos os sistemas requerem uma manutenção simples. A sua instalação é também simples, não necessitando do uso de pilares de sustentação. Em caso de necessidade, a sua posição na lagoa pode ser facilmente alterada. As unidades flutuantes adequam-se também às variações de nível da lagoa, que podem ser controladas pelo vertedor de saída.

Os seguintes aspectos devem ser levados em consideração:

- Os aeradores devem ser distribuídos homogeneamente pela zona aerada da lagoa.
- No caso de lagoas predominantemente retangulares, pode-se ter um maior número de aeradores ou aeradores mais potentes na região próxima à entrada, onde a demanda de oxigênio é superior.
- Aeradores contíguos devem ter sentidos de rotação opostos, isto é, um deve ter o sentido horário, e o outro anti-horário.

- Caso se deseje uma menor perda de sólidos no efluente, a região final da lagoa poderá ficar sem aeradores, de forma a garantir melhores condições de sedimentabilidade.
- Deve-se ter um mínimo de 2 aeradores em lagoas pequenas.
- Os dados do fabricante devem ser consultados com relação à profundidade recomendada da lagoa, zona de influência de cada aerador, eficiência de oxigenação etc.

Há dois tipos de área de influência de um aerador (Figura 4.2):

- *Zona de mistura.* Área na qual é garantida mistura do líquido, propiciando a manutenção de sólidos em suspensão. Área com menor diâmetro, tendo o aerador como o centro.
- *Zona de oxigenação.* Área na qual é garantida a difusão de oxigênio no meio líquido, mas não a mistura. Área de maior diâmetro, englobando a zona de mistura.

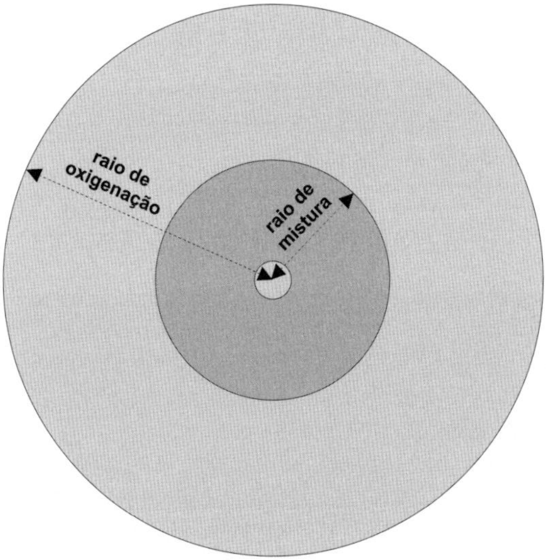

Fig. 4.2. Raios de mistura e de oxigenação em um aerador mecânico superficial

O Quadro 4.2 apresenta valores aproximados para as faixas de operação de aeradores mecânicos, em função da sua potência. Como pode ser observado, a área de influência de cada aerador em termos de oxigenação é bem superior à área de mistura.

Quadro 4.2. Faixas usuais de operação dos aeradores de alta rotação

Faixa de potência dos aeradores (CV)	Profundidade normal de operação (m)	Diâmetro de influência (m)		Diâmetro da placa anti-erosiva
		Oxigenação	Mistura	
5 - 10	2,0 - 3,6	45 - 50	14 - 16	2,6 - 3,4
15 - 25	3,0 - 4,3	60 - 80	19 - 24	3,4 - 4,8
30 - 50	3,8 - 5,2	85 - 100	27 - 32	4,8 - 6,0

Notas:

- Potências usuais dos aeradores: 1; 2; 3; 5; 7,5; 10; 15; 20; 25; 30; 40 e 50 CV.
- Há aeradores de alta rotação com maiores potências, mas eles tendem, no conjunto, a ser menos eficientes.
- A tabela apresenta diâmetros de influência (e não raios)
- Placa anti-erosiva: situada no fundo da lagoa, abaixo do aerador
- Fonte: elaborado a partir de dados apresentados em Crespo (1995)

4.7. REQUISITOS ENERGÉTICOS

A energia necessária para o suprimento dos requisitos dos aeradores é calculada com base no consumo de oxigênio (RO), determinado no Item 4.5. O parâmetro que converte consumo de oxigênio em consumo de energia é a *eficiência de oxigenação (E.O.)*, expressa nas unidades de kgO_2/kWh.

Os dados do fabricante são normalmente expressos nas condições padrão, para fornecer uma base comum para a comparação das eficiências. As condições padrão são para *20°C, ausência de oxigênio dissolvido, salinidade nula, nível do mar, água limpa.* Para maiores informações com relação à aeração, ver Capítulo 5 do Volume 2 da presente série.

Nas *condições padrão*, a eficiência de oxigenação dos aeradores citados situa-se na faixa apresentada a seguir. No entanto, os dados do fabricante deverão ser sempre consultados.

$$EO_{padrão} = 1{,}2 \text{ a } 2{,}0 \ kgO_2/kWh$$

Nas condições reais de operação, a eficiência de oxigenação é menor, na seguinte faixa:

$$EO_{campo} = 0{,}55 \text{a } 0{,}65 \text{ da } EO_{padrão}$$

A potência requerida é finalmente dada pela seguinte fórmula:

$$RE = \frac{RO}{24.EO_{campo}}$$

onde:
RE = requisitos energéticos (kW)
24 = conversão de dias para horas (24 h/d)

A potência de cada aerador é então especificada com base nos catálogos dos fabricantes (ou no Quadro 4.2). Para isto, kW necessita ser convertido em CV (dividir kW por 0,735 para obter CV).

4.8. ACÚMULO DE LODO

A taxa de acúmulo de lodo é da ordem de 0,03 a 0,08 m^3/hab.ano (Arceivala, 1981). O lodo deverá ser removido quando a camada atingir uma espessura que possa ser afetada pelos aeradores, ou quando a redução do volume útil da lagoa for julgada substancial (usualmente quando o lodo atinge 1/3 da altura útil). A inclusão de desarenação a montante de lagoas aeradas é bastante importante.

4.9. EXEMPLO DE DIMENSIONAMENTO

Exemplo 4.1

Dimensionar uma lagoa aerada facultativa, com os mesmos dados dos exemplos anteriores, ou seja:

População = 20.000 hab
Vazão afluente = 3.000 m^3/d
DBO afluente: S_o = 350 mg/l
Temperatura: T = 23 °C (líquido)

Solução:

a) Tempo de detenção

t = 8 d (adotado)

b) DBO solúvel efluente

Admitindo-se um sistema de mistura completa, e adotando-se o coeficiente K=0,7 d^{-1} para 20°C, corrigido para 0,8 d^{-1} a 23°C:

$$DBO_5 \text{ solúvel: } S = \frac{S_o}{1+K.t} = \frac{350}{1+0,8x8} = 47 \text{ mg/l}$$

Menores valores de S serão obtidos caso se considere a sedimentação e a estabilização anaeróbia da DBO particulada afluente.

c) DBO particulada efluente

Assumindo que o efluente contenha 80 mg/l de sólidos em suspensão (SS), a concentração de DBO_5 particulada efluente será de aproximadamente:

DBO_5 *part = 0,35 mg*DBO_5*/mgSS x 80 mgSS/l = 28 mg*DBO_5*/l*

d) DBO total efluente

DBO total = DBO solúvel + DBO part = 53 + 35 = 88 mg/l

Este valor é superior ao dos sistemas de lagoas calculados anteriormente. Para se reduzir a concentração de DBO efluente, pode-se aumentar o tempo de detenção. No entanto, esta providência pode ser antieconômica, por exigir grandes aumentos para uma pequena redução em S. Pode-se também mudar a configuração do reator para um sistema aproximando o fluxo em pistão. Além disso, pode-se otimizar as condições de sedimentabilidade na zona de saída, através da exclusão de aeradores (já prevista neste exemplo).

A eficiência do sistema na remoção de DBO é:

$$E = \frac{S_0 - S}{S_0} = \frac{350 - 88}{350} x100 = 75\%$$

e) Volume requerido

$$V = t.Q = 8\ d \times 3000\ m^3/d = 24.000\ m^3$$

f) Área requerida

Adotando-se uma profundidade H=3,5 m:

$$A = \frac{V}{H} = \frac{24.000m^3}{3,5m} = 6.900m^2 \quad (0,69\ ha)$$

g) Requisitos de oxigênio

$$RO = a.Q.(So - S) = \frac{1,0 . 3000\ m^3/d . (350 - 47)\ g/m^3}{1000\ g/kg} = 909\ kgO_2/d = 38\ kgO_2/h$$

h) Requisitos de energia

Adotar aeradores flutuantes, de alta rotação. A Eficiência de Oxigenação, nas condições padrão, é adotada como:

$EO = 1{,}8\ kgO_2/kWh$

A Eficiência de Oxigenação no campo pode ser adotada como em torno de 60% da E.O. padrão. Assim,

$EO_{campo} = 0{,}60 \times 1{,}8\ kgO_2/kWh = 1{,}1\ kgO_2/kWh$

A potência requerida é:

$$\text{Pot} = \frac{\text{RO}}{\text{EO}} = \frac{37\ \text{kgO}_2\ /\ \text{h}}{1{,}1\ \text{kgO}_2\ /\ \text{kWh}} = 34\ \text{kW} \cong 45\ \text{CV}$$

i) Aeradores

Adotar 6 aeradores de 7,5 CV cada.

A potência total instalada é, portanto, de 6x7,5 CV = 45 CV (34 kW)

j) Dimensões da lagoa

Adotar 2 lagoas em paralelo. Com 2 lagoas, tem-se uma maior flexibilidade, durante os eventuais períodos de retirada de lodo (uma lagoa sendo limpa, e uma lagoa em operação).

Considerando-se uma área de influência quadrada para cada aerador, e deixando as células finais sem aeradores, as lagoas podem ter as seguintes dimensões:

2 lagoas de L=116 m e B=29 m (8 quadrados com dimensões de 29 m x 29 m)

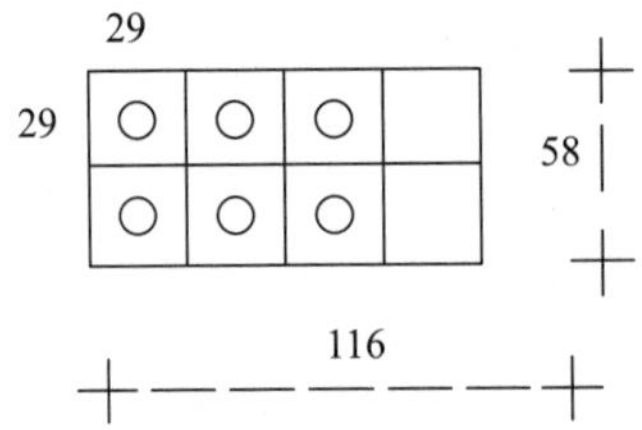

De acordo com o Quadro 4.2, para uma potência de 7,5 CV de cada aerador, a área de influência de 29 m x 29 m está dentro da zona de oxigenação (como desejável), mas sai fora da zona de mistura (também desejável, para uma lagoa aerada facultativa).

l) Verificação da densidade de potência

A densidade de potência média em toda a lagoa é:

$$\phi = \frac{Pot}{V} = \frac{34.000\ W}{24.000\ m^3} = 1,4\ W / m^3$$

Esta densidade de potência deverá manter os sólidos em suspensão. A estimativa de 80 mg/l é razoável (ver Quadro 4.1), considerando-se que haverá alguma sedimentação na zona não aerada da lagoa. A densidade de potência apenas na zona aerada é maior, já que o volume da zona aerada é 75% do volume total da lagoa (3/4 do comprimento da lagoa possuem aeradores, e ¼ é desprovido de aeradores - ver item j).

m) Acúmulo de lodo

Acumulação anual = 0,05m^3/hab.ano x 20.000 hab = 1.000 m^3/ano

Espessura em 1 ano:

$$\text{Espessura} = \frac{1.000\ m^3\ /\ ano\ .\ 1\ ano}{6.900 m^2} = 0,14\ m\ /\ ano$$

Espessura em 7 anos de operação:

Espessura: 0,14 m/ano x 7 anos = 1,0 m em 7 anos

Após 7 anos de operação, haverá um acúmulo de lodo da ordem de 1,0 m, reduzindo a altura útil da lagoa de 3,5 m para 2,5 m (redução em torno de 30%). Provavelmente será necessária uma limpeza após este período.

n) Área total requerida

A área líquida requerida é de 0,69 ha. A área total requerida para todos os componentes da estação é aproximadamente 30% superior a este valor. Assim, a área total será de 1,30 x 0,69 ha = 0,90 ha.

O requisito de área per capita é de:

$$\text{Área per capita} = \frac{\text{área total}}{\text{população}} = \frac{9.000\ m^2}{20.000\ hab} = 0,45\ m^2\ /\ hab$$

Este valor é aproximadamente 12% do valor requerido para lagoas facultativas primárias (ver Exemplo 2.3).

o) Arranjo do sistema

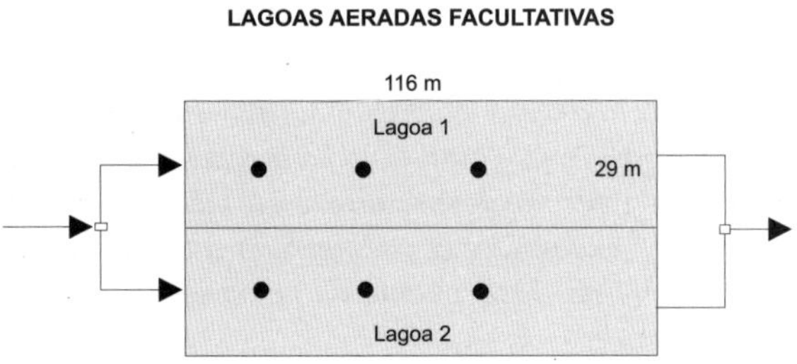

CAPÍTULO 5

Sistema de lagoas aeradas de mistura completa seguidas de lagoas de decantação

5.1. INTRODUÇÃO

As lagoas aeradas de mistura completa são essencialmente aeróbias. Os aeradores servem, não só para *garantir a oxigenação* do meio, mas também para *manter os sólidos em suspensão (biomassa) dispersos no meio líquido*. O tempo de detenção típico em uma lagoa aerada de mistura completa é da ordem de 2 a 4 dias.

A qualidade do efluente de uma lagoa aerada de mistura completa não é adequada para lançamento direto, pelo fato de conter elevados teores de sólidos em suspensão. Por esta razão, estas lagoas são normalmente seguidas por outras lagoas, onde a sedimentação e estabilização destes sólidos possa ocorrer. Tais lagoas são denominadas de lagoas de decantação. A Figura 5.1 apresenta o fluxograma do sistema.

Os tempos de detenção nas lagoas de decantação são baixos, da ordem de 2 dias. Este tempo é suficiente para uma eficiente remoção dos sólidos em suspensão produzidos na lagoa aerada, mas não contribui na remoção bioquímica adicional de DBO, em virtude da baixa concentração de biomassa mantida em dispersão no meio líquido (a biomassa tende a sedimentar). Ademais, a capacidade de acúmulo de lodo é relativamente reduzida, implicando na necessidade de uma remoção a cada 1 a 5 anos (há também sistemas com remoção contínua de lodo, através de bombas acopladas a balsas). Não há ainda uma satisfatória experiência nacional com relação à determinação da taxa de acúmulo de lodo, bem como em termos da remoção e destinação do lodo da lagoa de decantação.

A área requerida por este sistema de lagoas á a *menor dentre os sistemas de lagoas*. Os requisitos de energia são similares aos demais sistemas com lagoas aeradas.

LAGOA AERADA DE MISTURA COMPLETA - LAGOA DE DECANTAÇÃO

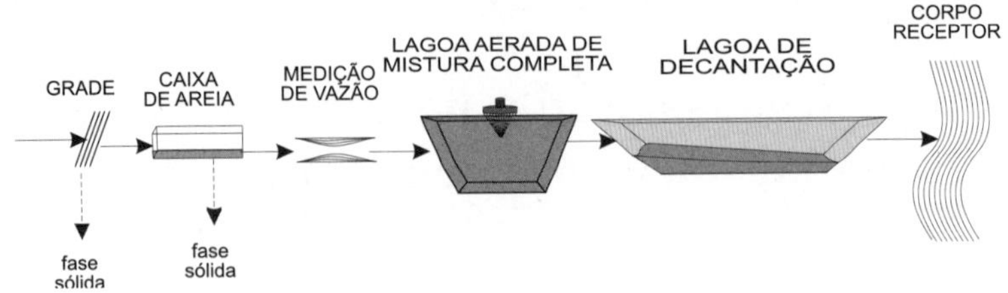

Fig. 5.1. Sistema de lagoas aeradas de mistura completa seguidas por lagoas de decantação

5.2. DESCRIÇÃO DO PROCESSO

Na lagoa aerada, o nível de energia introduzido pelos aeradores cria uma turbulência tal que, além de garantir a oxigenação, permite ainda que todos os sólidos sejam mantidos dispersos no meio líquido. A denominação *mistura completa* é, portanto, advinda do alto grau de energia por unidade de volume, responsável pela total mistura dos constituintes em toda a lagoa.

Entre os sólidos mantidos em suspensão e em mistura completa se incluem, além da matéria orgânica do esgoto bruto, também as bactérias (biomassa). Há, em decorrência, uma maior concentração de bactérias no meio líquido, além de um maior contato matéria orgânica-bactérias. Com isto, a eficiência da lagoa aeróbia aumenta, permitindo também uma redução em seu volume.

A lagoa aerada atua de forma similar aos tanques de aeração do sistema de lodos ativados. A principal diferença é a inexistência de recirculação de sólidos, característica essencial do sistema de lodos ativados. Devido à inexistência da recirculação, a concentração da biomassa atinge apenas um determinado valor, ditado pela disponibilidade de substrato (carga de DBO) afluente. A concentração de sólidos em suspensão biológicos na lagoa aerada é da ordem de 20 a 30 vezes menor do que no reator dos sistemas de lodos ativados, o que justifica a elevadíssima eficiência deste último.

No entanto, apesar da boa eficiência das lagoas aeradas na remoção da matéria orgânica originalmente presente nos esgotos, a qualidade do seu efluente não é satisfatória para lançamento direto no corpo receptor. A biomassa permanece em suspensão em todo o volume da lagoa, vindo, portanto, a sair com o efluente da lagoa aerada. Esta biomassa é, em última análise, também matéria orgânica, ainda que de uma natureza diferente da DBO do esgoto bruto. Esta matéria orgânica gerada na lagoa, caso lançada no corpo receptor, exerce também uma demanda de oxigênio, causando a deterioração da qualidade das águas.

Há necessidade, portanto, de uma unidade a jusante, na qual os sólidos em suspensão (predominantemente a biomassa) possam vir a sedimentar. No presente caso, esta unidade é representada por uma *lagoa de decantação* (no processo de lodos ativados, é o decantador secundário). O efluente da lagoa de decantação sai com menor teor de sólidos, podendo ser lançado diretamente no corpo receptor.

5.3. CRITÉRIOS DE PROJETO DAS LAGOAS AERADAS

O principal critério de projeto é o *tempo de detenção*. O dimensionamento segue diversos princípios do tratamento biológico, descritos no Capítulo 3 do Volume 2 e Capítulo 3 do Volume 4 (Lodos ativados) da presente série.

a) Tempo de detenção

Nas lagoas aeradas de mistura completa, tem-se a seguinte situação com relação ao tempo de detenção do líquido e da biomassa:

tempo de detenção hidráulica = tempo de retenção celular

ou

$$t = \theta_c$$

O *tempo de detenção hidráulica (t)* é o tempo médio de permanência das moléculas do líquido no reator. O tempo de retenção celular, ou *idade do lodo* (θ_c) é o tempo médio de permanência das células bacterianas no reator.

No caso da lagoa aerada de mistura completa, devido à inexistência de recirculação do lodo ou qualquer forma de retenção dos sólidos, as moléculas do líquido e as células bacterianas permanecem o mesmo tempo no reator ($t=\theta_c$). Este importante aspecto tem implicações hidráulicas e de processo. Nos lodos ativados, a idade do lodo é o principal parâmetro de projeto. No caso das lagoas aeradas de mistura completa, o tempo de detenção hidráulica (= idade do lodo) constitui-se no principal parâmetro.

Nas lagoas aeradas de mistura completa, o tempo de detenção varia na faixa de:

$$t = 2 \text{ a } 4 \text{ d}$$

Caso se adote mais de uma célula em série, o tempo de detenção em cada uma poderá ser próximo a 2 dias. A vantagem de se ter tempos de detenção em torno de 2 dias é a redução no crescimento de algas, as quais não teriam tempo de se desenvolver em cada célula, em virtude da taxa de saída com o efluente ser superior à taxa de crescimento e reprodução.

b) Profundidade

A profundidade da lagoa deve ser selecionada de forma a satisfazer os requisitos do sistema de aeração, em termos de mistura e de oxigenação.

Usualmente, adotam-se valores da profundidade H na faixa de:

H = 2,5 a 4,0 m

5.4. ESTIMATIVA DA CONCENTRAÇÃO DE DBO EFLUENTE DA LAGOA AERADA

Para a estimativa da concentração de DBO efluente da lagoa aerada podem ser adotados modelos similares aos empregados para o processo de lodos ativados. Apresenta-se, neste texto, uma versão simplificada, baseada nas reações de primeira ordem. Nestas condições, a estimativa da concentração efluente segue um procedimento similar ao utilizado para as lagoas aeradas facultativas (Item 4.4).

A influência do regime hidráulico da lagoa pode ser também levado em consideração. No entanto, usualmente tem-se adotado o modelo de mistura completa, que oferece uma boa aproximação para o reator da lagoa aerada.

Também neste caso o efluente das lagoas aeradas é constituído de *matéria orgânica dissolvida* (**DBO solúvel**) e *matéria orgânica em suspensão* (**DBO particulada**) (ver Item 4.4):

$$DBO_{tot} = DBO_{sol} + DBO_{part} \quad (5.1)$$

a) DBO solúvel efluente

A estimativa da DBO solúvel efluente da lagoa aerada pode ser feita utilizando-se as mesmas fórmulas apresentadas para as lagoas facultativas e aeradas facultativas, as quais são função do regime hidráulico do reator . Como comentado, pode ser assumido o modelo de *mistura completa.*

O valor do coeficiente de remoção K é, no caso das lagoas aeradas de mistura completa, mais elevado ainda do que nos demais sistemas de lagoas. Tal se deve à maior concentração de biomassa na lagoa. Valores típicos de K situam-se na faixa de (Arceivala, 1981):

$K = 1{,}0$ a $1{,}5\ d^{-1}$

Neste valor de K está embutida, entretanto, a influência da concentração dos sólidos em suspensão voláteis SSV ou X_v,, representativos da biomassa. O coeficiente K pode ser desmembrado em duas frações, de forma que:

$$K = K'.X_v \qquad (5.2)$$

onde:

K' = coeficiente de remoção da DBO $(mg/l)^{-1}(d)^{-1}$. O valor de K' está na faixa de 0,01 a 0,03 $(mg/l)^{-1}(d)^{-1}$ (Arceivala, 1981)

X_v = concentração de sólidos em suspensão voláteis (mg/l)

De acordo com a Equação 5.2, quanto maior a concentração de biomassa (X_v), maior o coeficiente K (K' é constante) e, em decorrência, maior a eficiência na remoção da DBO.

A concentração de DBO solúvel efluente da lagoa aerada é dada por:

$$S = \frac{S_0}{1 + K'.X_v.t} \qquad (5.3)$$

Como nos demais sistemas, S_o representa a DBO total (solúvel + particulada) afluente, ao passo que S representa a DBO solúvel efluente.

É interessante notar que, dentro de determinados limites, S independe da concentração afluente S_o. Caso S_o aumente, a concentração da biomassa (X_v) aumenta proporcionalmente, em decorrência da maior disponibilidade de alimento. Caso S_o diminua, X_v diminui, e S permanece constante. Este comentário é para situações médias (de projeto), pois rápidas variações de S_o (típicas na operação) não são imediatamente acompanhadas pelo aumento de X_v.

Os valores de K e K' são para uma temperatura do líquido de 20°C. Para outras temperaturas, pode-se utilizar a Equação 2.3, com o coeficiente θ igual a 1,035.

A concentração da biomassa (X_v) é resultante do crescimento bruto (fator positivo) e do decaimento bacteriano (fator negativo). A fórmula para o cálculo de X_v é:

$$X_v = \frac{Y.(S_0 - S)}{1 + K_d.t} \qquad (5.4)$$

onde:

Y = coeficiente de produção celular ($mgX_v/mgDBO_5$). Retrata a quantidade de biomassa (mg X_v) que é produzida por unidade de substrato utilizado (mg DBO_5).

K_d = coeficiente de decaimento bacteriano (d^{-1}). Retrata a taxa de mortandade da biomassa durante o metabolismo endógeno.

Valores típicos destes coeficientes são (Metcalf & Eddy, 1991):

Quadro 5.1. Valores dos coeficientes cinéticos e estequiométricos

Coeficiente	Unidade	Faixa	Valor típico
Y	$mgSSV/mgDBO_5$	0,4 - 0,8	0,6
K_d	d^{-1}	0,03 - 0,08	0,06

O valor do coeficiente K_d, neste caso, é ligeiramente diferente do valor de K_d adotado nos capítulos relacionados a lodos ativados (Volume 4). Nas equações do sistema de lodos ativados, adota-se uma correção para a fração biodegradável dos SSV, a qual altera o valor de K_d. Por uma questão de simplicidade, no caso das lagoas aeradas, utilizam-se as fórmulas sem o conceito da fração biodegradável.

b) DBO particulada efluente

Para se calcular a DBO particulada do efluente da lagoa aerada de mistura completa, é necessário que se estime a concentração de sólidos em suspensão no efluente da lagoa, já que esta DBO é causada pelos sólidos suspensos.

A concentração de sólidos em suspensão voláteis no efluente da lagoa aerada é dada pela Equação 5.4.

A DBO particulada pode ser estimada através da seguinte relação com os sólidos em suspensão voláteis:

$$DBO_{part} = 0{,}4 \text{ a } 0{,}8 \text{ mgDBO}_5/\text{mgX}_v$$

Nas lagoas aeradas a relação entre os sólidos em suspensão voláteis (SSV ou X_v) e os sólidos em suspensão totais (SS ou X) é da ordem de:

$$X_v/X = 0{,}7 \text{ a } 0{,}8$$

Assim, a DBO particulada pode ser estimada também em função dos sólidos em suspensão totais, agregando-se as duas últimas relações:

$$DBO_{part} = 0{,}3 \text{ a } 0{,}6 \text{ mgDBO}_5/\text{mgSS}$$

A DBO particulada no efluente final é função dos teores de SS no efluente da lagoa de sedimentação. Não há modelos de ampla aceitação que permitam a estimativa desta concentração efluente. Para efeito de projeto, pode-se admitir uma eficiência de remoção de SS na lagoa de sedimentação em torno de 80 a 85%.

5.5. REQUISITOS DE OXIGÊNIO NA LAGOA AERADA

A quantidade de oxigênio a ser fornecida pelos aeradores para a estabilização aeróbia da matéria orgânica é usualmente igual à DBO total última (DBO_u) removida (ver Item 4.5). A relação DBO_u/DBO_5 nos esgotos brutos situa-se entre 1,2 e 1,5.

Pode-se descontar ainda o consumo de oxigênio não exercido pelos sólidos em suspensão voláteis saindo do sistema com o efluente, de forma similar ao que é feito nos cálculos de um sistema de lodos ativados. Os requisitos de oxigênio podem ser então calculados por:

$$RO = \frac{a.Q.(S_o - S)}{1000} \tag{5.5}$$

onde:

RO	=	requisito de oxigênio (kgO_2/d)
a	=	coeficiente de consumo de oxigênio (1,1 a 1,4 $kgO_2/kgDBO_5$ removida)
Q	=	vazão afluente (m^3/d)
S_o	=	concentração de DBO total (*solúvel* + *particulada*) afluente (g/m^3)
S	=	concentração de DBO *solúvel* efluente (g/m^3)
1000	=	conversão de g para kg (g/kg)

5.6. REQUISITOS ENERGÉTICOS NA LAGOA AERADA

De forma a garantir a energia de mistura necessária para manter os sólidos em suspensão dispersos no meio líquido, deve-se cumprir também com os requisitos de mistura. Para tanto, o cálculo dos requisitos de oxigênio é dado pelo conceito da *densidade de potência.*

Como visto no Item 4.4.b, a densidade de potência representa a energia introduzida pelos aeradores por unidade de volume do reator, sendo obtida por meio da fórmula:

$$\phi = Pot/V \tag{5.6}$$

onde:

ϕ	=	densidade de potência (W/m^3)
Pot	=	potência instalada (W)
V	=	volume do reator (m^3)

Para se assegurar uma dispersão completa dos sólidos em suspensão na lagoa aerada, deve-se ter uma densidade de potência com as seguintes características (minuta do Projeto de Norma de Lagoas, 1991):

$$\phi \geq 3,0\ W/m^3$$

A potência requerida (Pot) para *mistura* pode ser calculada através da Equação 5.6, adotando-se um valor para ϕ e conhecendo-se V.

A potência requerida para *oxigenação* pode ser determinada com base nos requisitos de oxigênio (RO) e no conceito da Eficiência de Oxigenação (EO – ver Item 4.4).

A potência instalada deve satisfazer a ambos os critérios.

5.7. DIMENSIONAMENTO DA LAGOA DE DECANTAÇÃO

Para o dimensionamento da lagoa de decantação devem ser previstos volumes destinados (a) à clarificação (decantação) e (b) ao armazenamento e digestão do lodo (Alem Sobrinho e Rodrigues, sem data; Minuta do Projeto de Norma para Lagoas, 1991):

- *Volume destinado à clarificação:*

Tempo de detenção: $t \geq 1$ d
Profundidade: $H \geq 1{,}5$ m

- *Volume total da lagoa:*

Tempo de detenção (final de plano): $t \leq 2{,}0$ d (para evitar o crescimento de algas)
Profundidade: $H \geq 3{,}0$ m (para permitir uma camada aeróbia acima do lodo)

O acúmulo do lodo pode ser calculado assumindo-se os seguintes dados:

- Relação SSV/SS nos sólidos afluentes à lagoa de decantação: 0,70 a 0,80 (70 a 80% dos SS são voláteis – ver Item 5.4.b)
- Taxa de redução dos sólidos voláteis: $K_{LV} = 0{,}5$ ano^{-1} (50% de remoção por ano) (Arceivala, 1981)

A equação a seguir, modificada de Arceivala (1981), permite a estimativa do volume acumulado de lodo após um período de anos, em função da taxa de degradação dos sólidos voláteis e do acúmulo dos sólidos fixos, e supondo uma densidade do lodo próxima a 1,0:

$$V_t = \frac{\dfrac{M_{ov}}{K_{Lv}}.(1 - e^{-K_{Lv}.t}) + t.M_{of}}{1000.(\text{fração sol. secos})} \qquad (5.7)$$

onde:

V_t = volume de lodo acumulado após um período de t anos (m^3)

M_{ov} = massa de sólidos em suspensão voláteis retidos na lagoa por unidade de tempo (kg SSV/ano)

M_{of} = massa de sólidos em suspensão fixos retidos na lagoa por unidade de tempo ($kg\ SS_f/ano$)

K_{LV} = coeficiente de degradação dos sólidos em suspensão voláteis no lodo em condições anaeróbias (ano^{-1}). K_{LV} varia de 0,4 a 0,6 ano^{-1}, com um valor médio de 0,5 ano^{-1}

t = período de anos (ano)

fração de sólidos secos = fração de sólidos secos no lodo = 1 - fração de umidade no lodo

5.8. EXEMPLO DE DIMENSIONAMENTO

Exemplo 5.1

Dimensionar um sistema de lagoas aeradas de mistura completa seguidas por lagoas de decantação, com os mesmos dados dos exemplos anteriores, ou seja:

População = *20.000 hab*
Vazão afluente = $3.000\ m^3/d$
DBO afluente: $S_o = 350\ mg/l$
Temperatura: $T = 23\ °C$ *(líquido)*

Solução:

1. Lagoa aerada

a) Adoção do tempo de detenção

t = 3 d (adotado)

b) Volume requerido

$V = t.Q = 3\ d\ .\ 3000\ m^3/d = 9.000\ m^3$

c) Área requerida

Adotando-se uma profundidade H=3,5 m:

$$A = \frac{V}{H} = \frac{9.000m^3}{3,5m} = 2.570m^2$$

As dimensões da lagoa podem ser:

50 m x 50 m (0,25 ha)

d) Estimativa da concentração de sólidos em suspensão voláteis (SSV) na lagoa aerada

Coeficientes cinéticos (ver Quadro 5.1):

- $Y = 0{,}6$ *(adotado)*
- $K_d = 0{,}06$ *(adotado)*

Estimativa da concentração de DBO solúvel efluente (S):

S = 50 mg/l (estimativa inicial)

$$X_v = \frac{Y.(S_0 - S)}{1 + K_d.t} = \frac{0{,}6.(350 - 50)}{1 + 0{,}06x3} = 153 \text{ mg/l}$$

e) Estimativa da DBO solúvel efluente

Admitindo-se um sistema de mistura completa, e adotando-se o coeficiente $K' = 0{,}017\ (mg/l)^{-1}(d)^{-1}$, *que corresponde a* $0{,}015\ (mg/l)^{-1}(d)^{-1}$ *a 20°C, após correção para 23°C:*

$$DBO_5 \text{ solúvel}: S = \frac{S_0}{1 + K'.X_v.t} = \frac{350}{1 + 0{,}017x153x3} = 40 \text{ mg/l}$$

No item d acima, a estimativa inicial de S=50 mg/l pode ser corrigida para S=40 mg/l, recalculando-se então a concentração de SSV até uma convergência satisfatória. No entanto, no presente caso, a diferença será pequena (para S=40 mg/l → $X_V = 158$ *mg/l).*

Este valor de DBO solúvel encontrado é tanto para o efluente da lagoa aerada, quanto para o efluente final (da lagoa de decantação, já que se despreza a remoção da DBO solúvel na lagoa de decantação).

f) Estimativa da DBO particulada efluente

Considerando-se que o efluente da lagoa aerada contém 153 mg/l de sólidos em suspensão voláteis, a DBO particulada efluente da lagoa aerada será:

DBO_5 part = 0,6 mgDBO_5/mgSSV x 153 mgSSV/l = 92 mgDBO_5/l

Este valor é elevado para lançamento direto no corpo receptor, justificando a necessidade da lagoa de decantação a jusante. Admitindo-se que a lagoa de decantação apresente uma eficiência de 85% na remoção destes sólidos em suspensão voláteis, a concentração de SSV no efluente final do sistema será:

$$SSV_e = \frac{(100 - E)}{100} . SSV_0 = \frac{(100 - 85)}{100} .153 = 23 \text{ mg / l}$$

Desta forma, a DBO particulada no efluente final será:

DBO_5 part = 0,6 mgDBO_5/mgSSV . 23 mgSSV/l = 14 mgDBO_5/l

g) DBO total efluente

DBO total = DBO solúvel + DBO part = 40 + 14 = 54 mg/l

A eficiência do sistema na remoção de DBO é:

$$E = \frac{S_0 - S}{S_0} = \frac{350 - 54}{350} .100 = 85\%$$

h) Requisitos de oxigênio

Os requisitos de oxigênio são em torno de 1,1 a 1,4 da carga de DBO_5 removida. Adotando-se a relação de 1,2 $kgO_2/kgDBO_{rem}$, tem-se:

$$RO = 1,2.Q.(S_0 - S) = \frac{1,2 x 3000 m^3/d.(350 - 40) g/m^3}{1000 \text{ g / kg}} = 1116 kgO_2/d = 47 kgO_2/h$$

i) Requisitos de energia

Adotar aeradores flutuantes, de alta rotação. A Eficiência de Oxigenação, nas condições padrão, é da ordem de:

EO = 1,8 kgO_2/kWh

A Eficiência de Oxigenação no campo pode ser adotada como em torno de 60% da EO padrão. Assim,

$EO_{campo} = 0,60 \times 1,8\ kgO_2/kWh = 1,1\ kgO_2/kWh$

A potência requerida é:

$$\text{Pot} = \frac{\text{RO}}{\text{EO}} = \frac{47\ \text{kgO}_2\ /\ \text{h}}{1,1\ \text{kgO}_2\ /\ \text{kWh}} = 43\ \text{kW} = 58\ \text{CV}$$

j) Aeradores

Adotar 4 aeradores de 15 CV cada.

A potência total instalada é, portanto, de 4x15 CV = 60 CV (44 kW)

Cada aerador será responsável por uma área de influência de 25 m x 25 m (as dimensões da lagoa são 50 m x 50 m).

De acordo com o Quadro 4.2, para a potência de 15 CV, a área de influência está dentro da zona de oxigenação e próxima da zona de mistura. A profundidade da lagoa é também satisfatória.

l) Verificação da densidade de potência

$$\phi = \frac{\text{Pot}}{\text{V}} = \frac{44.000\ \text{W}}{9.000\ \text{m}^3} = 4,9\ \text{W}/\text{m}^3$$

Esta densidade de potência é suficiente para manter todos os sólidos em suspensão (ver Quadro 4.1). Além disso, é superior ao valor de 3,0 W/m³ sugerido pela Proposta de Norma para lagoas.

2. <u>*Lagoa de decantação*</u>

m) Dimensionamento da lagoa de decantação

- *Zona de clarificação (reservada para o líquido):*

  Tempo de detenção: t=1,0 d (adotado)

  Volume: $V_{clarif} = t.Q = 1,0\ d \times 3000\ m^3/d = 3.000\ m^3$

  Profundidade: $H_{clarif} = 1,5\ m$ *(adotado)*

  Área requerida: $\text{A} = \frac{\text{V}}{\text{H}} = \frac{3.000\text{m}^3}{1,5\text{m}} = 2.000\,\text{m}^2\ \ (0,20\ \text{ha})$

- *Zona de lodo (reservada para armazenamento e digestão do lodo):*

  Acrescentar uma profundidade adicional de 1,5 m.

- *Dimensões e valores totais (zonas de clarificação e lodo):*

  Área total: 2.000 m²

  Profundidade: 1,5 m + 1,5 m = 3,0 m

  Volume total: 2000 m² x 3,0 m = 6.000 m³

  Número de lagoas: 2

  Dimensões de cada lagoa: 40 m x 25 m x 3,0 m

  Tempo de detenção com a lagoa limpa: $t = \frac{V}{Q} = \frac{6.000}{3.000} = 2,0\ d$

n) Acumulação de lodo

A carga de sólidos afluentes à lagoa de decantação é composta de sólidos em suspensão voláteis SSV (determinados no Item d) e de sólidos em suspensão fixos SS_f. *Admitir uma relação de 0,75 para SSV/SS (ver Item 5.4). Desta forma, a relação* SS_f/SSV *será:*

$SS_f/SSV = (1-0,75)/0,75 = 1/3$

As cargas de sólidos afluentes à lagoa por ano são:

$SSV = 3.000\ m^3/d \times 0,153\ kgSSV/m^3 \times 365\ d/ano = 167.535\ kgSSV/ano$
$SS_f: = 3.000\ m^3/d \times (0,153/3)\ kgSS_f/m^3 \times 365\ d/ano = 55.845\ kgSS_f/ano$

Assumindo-se uma remoção de 85% dos sólidos na lagoa de decantação, tem-se as seguintes cargas de sólidos em suspensão voláteis e fixos a serem acrescentados à camada de lodo na lagoa:

$M_{ov} = 0,85x167.535 = 142.405\ kgSSV/ano$
$M_{ov} = 0,85x55.845 = 47.468\ kgSSf/ano$

Adotando-se a Equação 5.7 para a estimativa do acúmulo de lodo após um período de t anos, e assumindo-se uma fração de sólidos secos no lodo de 8% (umidade = 92%), tem-se:

$$V_t = \frac{\frac{M_{ov}}{K_{Lv}}.(1-e^{-K_{Lv}.t}) + t.M_{of}}{1000.(\text{fração sol.sec os})} = \frac{\frac{142.405}{0,5}.(1-e^{-0,5\,x\,t}) + t\,x47.468}{1000x0,08}$$

Para diversos valores de t, tem-se:

Tempo (anos)	Volume acumulado (m3)	Relação $V_{lodo}/V_{lagoa} = H_{lodo}/H_{lagoa}$	Altura de lodo (m)
0,5	1082	0,18	0,54
1,0	1991	0,33	0,99
1,5	2765	0,46	1,38
2,0	3433	0,57	1,71
2,5	4020	0,67	2,01
3,0	4542	0,76	2,28
3,5	5015	0,84	2,52

Coluna 2: equação acima
Coluna 3: (coluna 2)/6.000 m^3, onde 6.000 m^3 é o volume da lagoa de decantação
Coluna 4: (coluna 3)x3,0 m, onde 3,0 m é a altura total da lagoa de decantação

Observa-se que, após um período em torno de 1,7 anos de operação, o volume reservado para a acumulação de lodo (correspondente à altura de 1,5 m) foi totalmente tomado. É necessária, portanto, a remoção do lodo da lagoa antes deste período.

Após 1,5 anos, o volume de lodo acumulado corresponde à seguinte taxa de acúmulo por habitante por ano:

(2.765 m^3/1,5 anos) / 20.000 hab = 0,09 m^3/hab.ano

o) Área requerida total (lagoa aerada + lagoa de decantação)

Área total = 0,25 + 0,20 = 0,45 ha

A área total requerida para todos os componentes da estação é aproximadamente 30% superior a este valor. Assim, a área total será de 1,30 x 0,45 ha = 0,59 ha (< 0,90 ha, área requerida para a lagoa aerada facultativa - Exemplo 4.1).

O requisito de área per capita é de:

$$\text{Área per capita} = \frac{\text{área total}}{\text{população}} = \frac{5.900\ m^2}{20.000\ hab} = 0,30\ m^2\ /\ hab$$

Este requisito é doze vezes inferior ao de uma lagoa facultativa única (Exemplo 2.3).

p) Arranjo do sistema

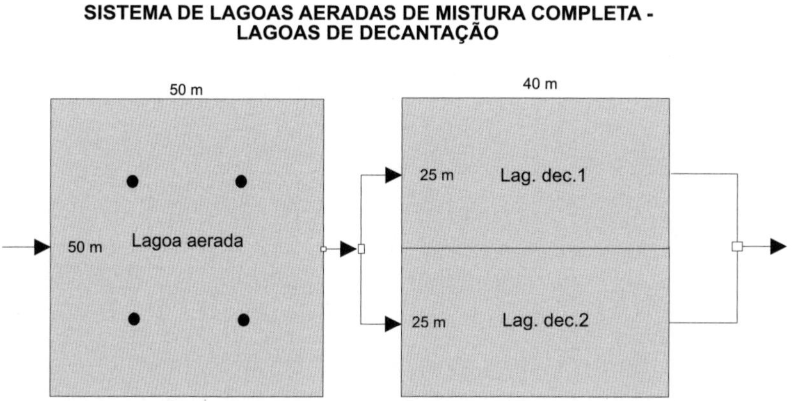

CAPÍTULO 6

Remoção de organismos patogênicos

6.1. INTRODUÇÃO

A remoção de organismos patogênicos é um dos objetivos mais importantes das lagoas de estabilização. Entre os organismos a serem removidos, incluem-se bactérias, vírus, cistos de protozoários e ovos de helmintos. Uma certa remoção ocorre nas lagoas anaeróbias, facultativas e aeradas. No entanto, a grande remoção tem lugar nas **lagoas de maturação**, especialmente projetadas para esta finalidade.

As lagoas de maturação possibilitam um polimento no efluente de qualquer dos sistemas de lagoas de estabilização descritos anteriormente ou, em termos mais amplos, de qualquer sistema de tratamento de esgotos. A Figura 6.1 ilustra o fluxograma de um sistema de lagoas anaeróbias – facultativas seguidas por lagoas de maturação em série. O principal objetivo das lagoas de maturação é o da remoção de patógenos, e não da remoção adicional de DBO. As lagoas de maturação constituem-se numa alternativa bastante econômica à desinfecção do efluente por métodos mais convencionais, como a cloração.

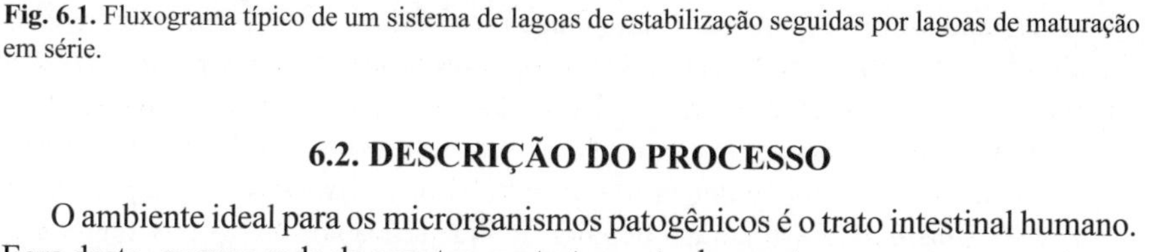

Fig. 6.1. Fluxograma típico de um sistema de lagoas de estabilização seguidas por lagoas de maturação em série.

6.2. DESCRIÇÃO DO PROCESSO

O ambiente ideal para os microrganismos patogênicos é o trato intestinal humano. Fora deste, quer na rede de esgotos, no tratamento de esgotos, ou no corpo receptor, os organismos patogênicos tendem a morrer. Diversos fatores contribuem para a remoção dos organismos patogênicos:

- *bactérias* e *vírus*: temperatura, insolação, pH, escassez de alimento, organismos predadores, competição, compostos tóxicos
- *cistos de protozoários* e *ovos de helmintos*: sedimentação

A lagoa de maturação é dimensionada de forma a fazer uma utilização ótima de alguns destes mecanismos, especialmente para a remoção de *bactérias* e *vírus*, os quais são representados pelos *coliformes* como indicadores. Alguns destes mecanismos se tornam mais efetivos com menores profundidades da lagoa, o que justifica o fato de que as lagoas de maturação sejam mais rasas, comparadas aos demais tipos de lagoas. Dentre os mecanismos associados à baixa *profundidade* da lagoa, pode-se citar (van Haandel et Lettinga, 1994; van Buuren et al, 1995; Cavalcanti et al, 2001):

- Alta penetração da radiação solar (radiação ultravioleta)
- Elevado pH (devido à elevada atividade fotossintética)
- Elevada concentração de OD (favorecendo uma comunidade aeróbia, mais eficiente na eliminação dos coliformes, além de aumentar a taxa de remoção devido a outros mecanismos, como de fotooxidação)

As *lagoas de maturação* devem atingir elevadíssimas eficiências na remoção de *coliformes* (E > **99,9** ou **99,99**%), para que possam ser cumpridos os requisitos para utilização do efluente para irrigação (ver Item 6.5), ou os padrões para corpos d'água, em função da classe a que pertencem (Resolução CONAMA No. 20/86). De forma a maximizar a eficiência de remoção, as lagoas de maturação são usualmente projetadas nas seguintes configurações: (a) três ou quatro lagoas em série ou (b) uma lagoa única com chicanas. Estes aspectos são detalhados no presente capítulo.

Com relação aos outros organismos de interesse na saúde pública, mas não bem representados pelos coliformes como indicadores, as lagoas usualmente atingem eliminação total (**100%**) de *cistos de protozoários* e *ovos de helmintos* (Arceivala, 1981).

6.3. ESTIMATIVA DA CONCENTRAÇÃO EFLUENTE DE COLIFORMES

6.3.1. A influência do regime hidráulico

A mortandade dos organismos patogênicos (bactérias e vírus), bem como dos indicadores de contaminação fecal (coliformes), segue uma *cinética de primeira ordem* (de maneira similar à estabilização da DBO nos sistemas de lagoas, a qual também segue uma cinética de primeira ordem). De acordo com as reações de primeira ordem, *a taxa de mortandade dos patógenos é proporcional à concentração de patógenos em qualquer instante*. Assim, quanto maior a concentração de patógenos, maior será a taxa de mortandade. Comentário similar vale para os coliformes.

Valem aqui, portanto, as mesmas considerações efetuadas no Item 2.6. O regime hidráulico das lagoas tem uma grande influência na eficiência de remoção de coliformes. A ordem decrescente de eficiência é a seguinte:

- *lagoa com fluxo em pistão* — maior eficiência
- *lagoas de mistura completa em série* — ⇩
- *lagoa única de mistura completa* — menor eficiência

Em função dos diversos regimes hidráulicos, o Quadro 6.1 apresenta as fórmulas para a determinação da contagem de coliformes no efluente de lagoas.

Quadro 6.1. Fórmulas para o cálculo da contagem de coliformes efluentes (N) de lagoas

Regime hidráulico	Esquema	Fórmula da contagem de coliformes efluentes (N)
Fluxo em pistão	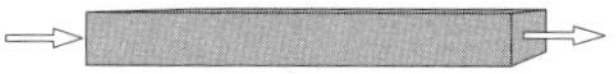	$N = N_o e^{-K_b.t}$
Mistura completa (1 célula)		$N = \frac{N_o}{1 + K_b.t}$
Mistura completa (células iguais em série)	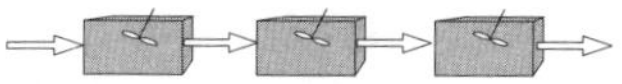	$N = \frac{N_o}{(1 + K_b.\frac{t}{n})^n}$
Fluxo disperso	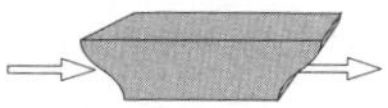	$N = N_o.\frac{4ae^{1/2d}}{(1+a)^2 e^{a/2d} - (1-a)^2 e^{-a/2d}}$ $a = \sqrt{1 + 4K_b.t.d}$

N_o = contagem de coliformes no afluente (org/100 ml)
N = contagem de coliformes no efluente (org/100 ml)
K_b = coeficiente de decaimento bacteriano (d^{-1})
t = tempo de detenção (d)
n = número de lagoas em série (-)
d = número de dispersão (adimensional)

6.3.2. Os regimes hidráulicos idealizados

De forma a se obter a elevadíssima remoção de coliformes usualmente requerida, é necessária a adoção de células em série ou de um reator de fluxo em pistão (equivalente a um número de células infinito). O Quadro 6.2 apresenta os volumes relativos requeridos, em função do número de células, para que se atinja a mesma eficiência. Todos os valores são expressos em função do produto adimensional $K_b.t$. Desta forma, para um determinado valor de K_b, tem-se os diversos tempos de detenção total requeridos, ou, em outras palavras, os volumes totais relativos requeridos. Caso se tenha o valor de K_b, o quadro pode ser utilizado para o cálculo direto do volume total requerido (cálculo de t, seguido pelo cálculo de V, sabendo-se que V=t.Q).

Quadro 6.2. Volumes relativos necessários para se atingir uma determinada eficiência de remoção, em função do número de reatores de mistura completa em série

Número de lagoas em série	Volume relativo (produto adimensional $K_b.t$)			
	E=90%	E=99%	E=99,9%	E=99,99%
1	9,0	99	999	9999
2	4,3	18	61	198
3	3,5	11	27	62
4	3,1	8,6	18	36
5	2,9	7,6	15	27
∞ (fluxo em pistão)	2,3	4,6	6,9	9,2

A interpretação do Quadro 6.2 conduz aos seguintes pontos:

- com uma lagoa única de mistura completa ideal, são necessários elevadíssimos volumes para se atingir uma satisfatória remoção de coliformes (para E=99,99%, o volume necessário é aproximadamente 1.000 vezes maior do que para um reator de fluxo em pistão ideal)
- com lagoas em série, uma redução substancial de volume ocorre apenas com um sistema composto de mais de 3 células
- o reator de fluxo em pistão ideal requer volumes bastante reduzidos, comparados aos demais sistemas
- estes comentários são válidos admitindo-se as lagoas como reatores idealizadas (o que, na prática, não ocorre estritamente)

A Figura 6.2 ilustra as eficiências e o número de unidades logarítmicas removidas, para diferentes valores do par adimensional $K_b.t$ e do número de células ideais de mistura completa em série. Uma eficiência E = 90% corresponde à remoção de 1 unidade logarítmica; E = 99% → 2 unidades log; E = 99,9% → 3 unidades log; E = 99,99% → 4 unidades log; E = 99,999 % → 5 unidades log, e assim por diante, de acordo com a fórmula:

$$\text{unidades log removidas} = -\log_{10}[(100-E)/100] \quad (6.1)$$

Na figura, novamente se observa a maior eficiência do reator de fluxo em pistão ideal. Remoções acima de 99,9%, com tempos de detenção não excessivos, somente podem ser atingidos com um número de células em série superior a 4 ou, preferencialmente, através do regime de fluxo em pistão.

Deve-se comentar, no entanto, que *o fluxo em pistão é um regime hidráulico idealizado. Na prática, ele pode ser apenas aproximado (mas não alcançado) através de uma baixa dispersão, induzida por chicanas. A dispersão nula (como assumido no regime de fluxo em pistão) dificilmente ocorre em uma lagoa.*

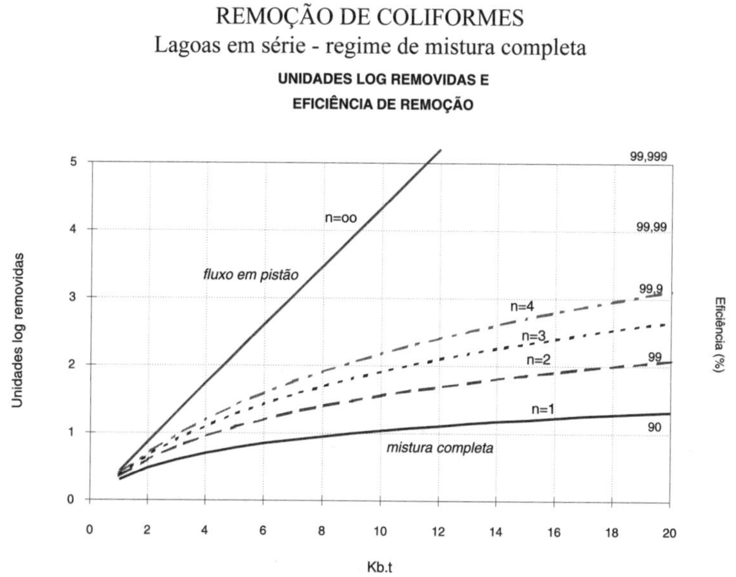

Fig. 6.2. Eficiências de remoção de coliformes, para diferentes valores de K_b.t e do número de células em série, assumindo-se o regime hidráulico de mistura completa

6.3.3. O REGIME HIDRÁULICO DE FLUXO DISPERSO

Na realidade, o comportamento das lagoas se dá segundo o regime hidráulico de **fluxo disperso**, e não de acordo com os regimes idealizados de mistura completa e fluxo em pistão. A Figura 6.3 apresenta o gráfico dos valores da eficiência E e do número de unidades logarítmicas removidas em função do par adimensional K_b.t e do número de dispersão d. A determinação do número de dispersão d foi discutida no Item 2.6. Deve-se atentar para o fato de que o coeficiente K_b, no regime de fluxo disperso, é diferente dos usualmente adotados para mistura completa (ver itens 6.3.4 e 2.6.4).

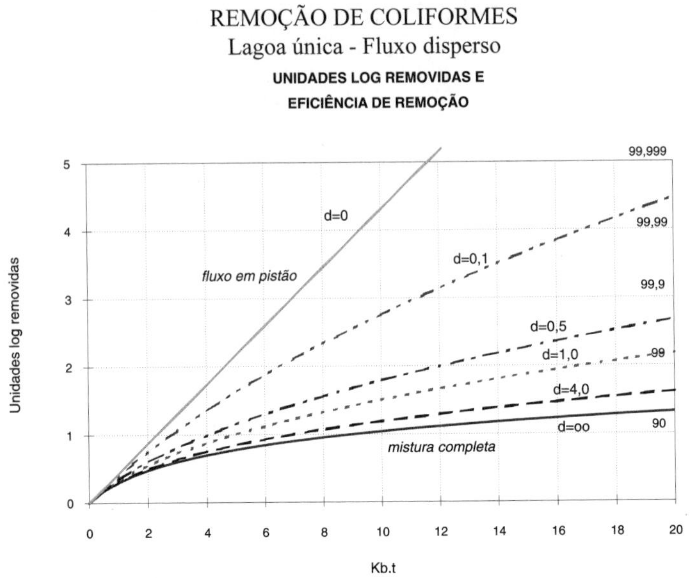

Fig. 6.3. Eficiência de remoção de coliformes e número de unidades log removidas em uma lagoa única, para diferentes valores de K_b.t e de d, assumindo-se o regime hidráulico de fluxo disperso

No caso de uma lagoa única, a figura ressalta a importância de se ter um baixo número de dispersão, ou seja, uma lagoa tendendo ao regime de fluxo em pistão, de forma a se aumentar a eficiência de remoção. Para se obter eficiências superiores a 99,9% (3 log de remoção) com tempos de detenção não excessivos, necessita-se de um número de dispersão inferior a 0,3 ou, preferencialmente, inferior a 0,1. Estes números de dispersão são obtidos apenas com lagoas que possuem uma relação comprimento/largura (L/B) superior a 5 (ver Quadro 2.7).

A Figura 6.4 apresenta o número de unidades logarítmicas removidas e a eficiência de remoção em lagoas de maturação, expressas em função da relação comprimento largura (L/B). Nesta figura, a relação entre L/B e o número de dispersão d foi calculada usando-se a equação d=1/(L/B) (Equação 2.14).

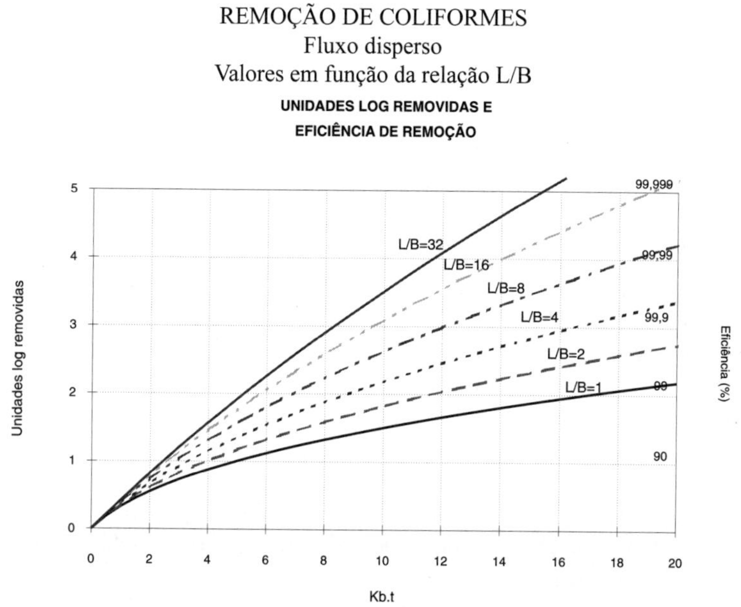

Fig. 6.4. Eficiência de remoção de coliformes e número de unidades log removidas, para diferentes valores de K_b.t e da relação comprimento/largura (L/B), assumindo fluxo disperso. A relação entre L/B e d foi calculada segundo d = 1/(L/B) (Equação 2.14).

O cálculo da relação L/B em uma lagoa com divisórias internas (chicanas) pode ser aproximado por meio de:

- *Divisórias paralelas à largura B:*

$$L/B = \frac{B}{L}(n+1)^2 \qquad (6.2)$$

- *Divisórias paralelas ao comprimento L:*

$$L/B = \frac{L}{B}(n+1)^2 \qquad (6.3)$$

onde:

L/B = relação comprimento/largura interna resultante na lagoa
L = comprimento da lagoa (m)
B = largura da lagoa (m)
n = número de divisórias internas

6.3.4. O coeficiente de decaimento de coliformes K_b segundo o regime de fluxo disperso

O coeficiente de decaimento dos coliformes (K_b) tem uma grande influência na estimativa da concentração efluente de coliformes. A literatura apresenta uma grande dispersão de dados a este respeito, com o complicador adicional de que os diferentes valores de K_b foram obtidos assumindo-se distintos regimes hidráulicos (nem sempre relatados). Além disso, tem-se a influência de fatores tais como concentração de oxigênio dissolvido, pH, radiação solar, cargas de DBO, além da configuração física da lagoa.

A profundidade exerce uma grande influência em K_b: lagoas mais rasas possuem maiores valores do coeficiente de decaimento bacteriano devido aos seguintes aspectos: (a) maior atividade fotossintética ao longo de toda a profundidade, conduzindo a maiores valores de OD e pH; (b) maior penetração da radiação UV ao longo de toda a profundidade (Catunda et al, 1994; van Haandel e Lettinga, 1994; von Sperling, 1999). No entanto, deve-se analisar o efeito combinado das lagoas mais rasas: K_b é maior, mas o tempo de detenção t é menor (para uma dada área superficial). O impacto no produto $K_b.t$ pode ser avaliado através das fórmulas apresentadas para os diferentes regimes hidráulicos.

Em lagoas de estabilização em locais de clima quente e tendência à estratificação, a camada anaeróbia no fundo desempenha um papel negativo. O decaimento bacteriano em condições anaeróbias é inferior ao em condições aeróbias. Portanto, em uma lagoa facultativa, a eficiência de remoção de coliformes no verão pode ser inferior à de um inverno suave, em que há uma maior predominância das condições aeróbias (Arceivala, 1981).

Em uma revisão da literatura internacional, von Sperling (1999) identificou valores de K_b variando de 0,2 a 43,6 d^{-1} (20°C), o que é uma faixa extremamente ampla e com pouca confiabilidade para projetos. Os maiores valores advém do fato de que, caso se assuma o regime de mistura completa para uma lagoa que não se comporta, na prática, como mistura completa ideal, há a tendência de se obter valores superestimados de K_b (ver discussão a respeito no Item 2.6.4).

Von Sperling (1999) investigou dados de **33** lagoas *facultativas* e de *maturação* no Brasil. As lagoas analisadas estavam distribuídas do Nordeste (latitude 7° S) ao Sul (latitude 23,5° S) do país, cobrindo uma faixa de climas de tropical a subtropical. As lagoas tinham diferentes volumes e configurações físicas, com 13 sendo unidades piloto e as outras 20 em escala real. As lagoas representaram um amplo espectro de condições operacionais, com a relação comprimento / largura (L/B) variando de 1 a

142 e o tempo de detenção de 0,5 a 114 dias. Na maioria dos casos, a eficiência de remoção de coliformes baseou-se em médias geométricas de médio ou longo termo. O total de dados utilizados foi de 66.

No trabalho, foram analisados os regimes de mistura completa e de fluxo disperso. Observou-se que os valores do coeficiente K_b para fluxo disperso estavam relacionados com a profundidade da lagoa e com o tempo de detenção hidráulica. Quanto menor a profundidade e o tempo de detenção, maior o valor do coeficiente K_b. Como mencionado, a influência da menor profundidade resulta da maior penetração da energia luminosa em toda a massa d'água (maior fotossíntese, maior oxigênio dissolvido, maior pH), além da maior penetração da radiação ultravioleta, a qual é bactericida. Para o modelo de mistura completa, não se observou nenhuma relação significativa entre K_b e a profundidade e o tempo de detenção.

Determinou-se, através da análise de regressão não linear com os dados disponíveis, uma equação correlacionando K_b (fluxo disperso) com a profundidade e o tempo de detenção hidráulica:

$$K_b \text{ (disperso)} = 0{,}917.H^{-0{,}877}.t^{-0{,}329} \text{ \textit{(33 lagoas no Brasil)}} \qquad (6.4)$$

O Coeficiente de Determinação foi bem elevado ($R^2 = 0{,}847$), indicando o bom ajuste do modelo proposto aos dados experimentais. Apesar de se saber, *a priori*, que um modelo com uma estrutura assim tão simples teria dificuldade em reproduzir a ampla diversidade de situações que ocorrem na prática, ele tem, por outro lado, a vantagem de depender apenas de variáveis que, em um projeto, são conhecidas de antemão (H e t). Outros modelos disponíveis na literatura são menos práticos, por dependerem de variáveis que não são conhecidas na etapa de projeto. Apesar das limitações, o modelo conduziu a uma ótima previsão do logaritmo das concentrações efluentes de coliformes das 33 lagoas (R^2=0,959).

Posteriormente, o autor ampliou a base de dados para 82 lagoas (140 dados), no Brasil e em outros países (Argentina, Colômbia, Chile, Venezuela, México, Espanha, Bélgica, Marrocos e Palestina). A Equação 6.4 mostrou-se ainda válida, embora o Coeficiente de Determinação tenha se reduzido para $R^2 = 0{,}505$. Neste conjunto ampliado de dados, observou-se que o tempo de detenção hidráulica exercia uma influência menor, podendo ser retirado da equação, sem comprometer significativamente o desempenho do modelo. A nova equação obtida é apresentada a seguir (ver também Figura 6.5 e Quadro 6.3, mostrando os valores de K_b e a curva de melhor ajuste). A estimativa do logaritmo das concentrações efluentes das 82 lagoas foi, ainda assim, amplamente satisfatória.

$$K_b \text{ (disperso)} = 0{,}542.H^{-1{,}259} \text{ \textit{(82 lagoas no Brasil e no mundo)}} \qquad (6.5)$$

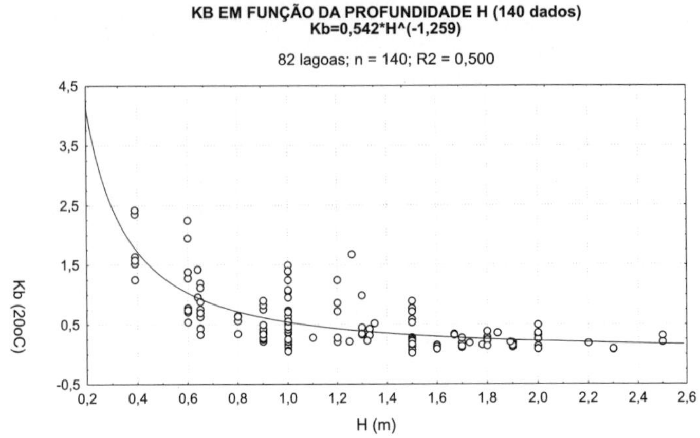

Fig. 6.5. Análise da regressão entre K_b (20°C, fluxo disperso) e a profundidade H das lagoas. Número de dispersão adotado como d=1/(L/B). 140 dados de 82 lagoas facultativas e de maturação no Brasil e no mundo.

Quadro 6.3. Valores de K_b (fluxo disperso), obtidos segundo a Equação 6.5 ($K_b = 0{,}542.H^{-1{,}259}$), para lagoas facultativas e de maturação

H (m)	0,8	1,0	1,2	1,4	1,6	1,8	2,0	2,2	2,4
K_b (d^{-1})	0,72	0,54	0,43	0,35	0,30	0,26	0,23	0,20	0,18

De forma a permitir uma melhor visualização do resultado de ambas equações (Equações 6.4 e 6.5), a Figura 6.6 apresenta as curvas resultantes, para tempos de detenção variando de 3 a 30 dias, e profundidades variando de 0,5 a 2,5 m. Observa-se que o modelo mais simples (Equação 6.5), baseado apenas na profundidade H da lagoa, situa-se numa faixa intermediária entre as curvas do modelo baseado em H e t (Equação 6.4), principalmente para profundidades superiores a 1,0 m. Para profundidades inferiores a 1,0 m, a Equação 6.5 aproxima-se da Equação 6.4 apenas para baixos valores do tempo de detenção hidráulica. Baixos valores de H e t ocorrem simultaneamente em lagoas de maturação em série, o que justifica que o modelo mais simples mantenha sua aplicabilidade prática também para esta faixa de valores de H e t.

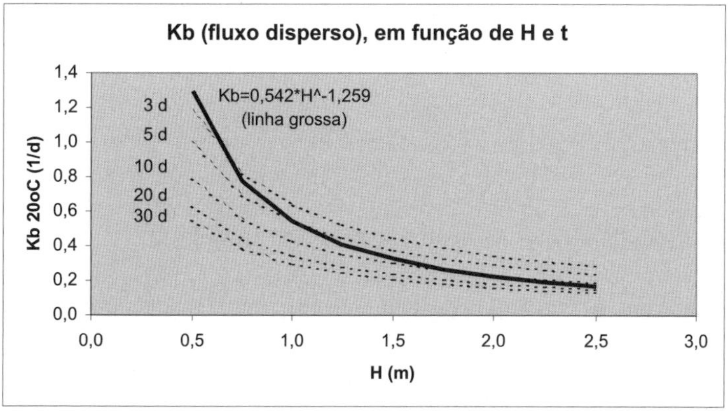

Fig. 6.6. Relação entre K_b, H e t, segundo os modelos propostos para K_b (20°C, fluxo disperso), para lagoas facultativas e de maturação. Curvas tracejadas: Equação 6.4 (33 lagoas no Brasil); curva cheia: Equação 6.5 (82 lagoas no Brasil e no mundo).

Com os 140 dados das 82 lagoas facultativas e de maturação no mundo, testou-se ainda se a posição da lagoa na série teria alguma influência no valor do coeficiente K_b. A razão se deve ao fato de que lagoas primárias e eventualmente secundárias tendem a receber uma maior carga superficial de DBO, não estando, portanto, otimizadas para a produção de elevados valores de OD e pH, como as lagoas terciárias e subsequentes. Ainda que não tenha sido detectada uma diferença estatisticamente significativa, caso se deseje um refinamento, os dados sugerem as seguintes correções nos valores obtidos pela Equação 6.5 ($K_b = 0{,}542.H^{-1{,}259}$):

- *Lagoas primárias e secundárias* - K_b: 5 a 15% menor que o valor da equação geral
- *Lagoas terciárias e subsequentes* - K_b: 5 a 15% maior que o valor da equação geral

Muito embora a Equação 6.5 tenha sido obtida a partir de um grande número de lagoas distribuídas em várias partes do mundo, condições locais específicas podem sempre predominar e conduzir a diferentes valores de K_b. Por exemplo, locais com insolação bastante elevada são mais susceptíveis a terem maiores valores de K_b (maior radiação UV, maior fotossíntese, maior OD e maior pH). Como mencionado, a incorporação deste e de outros fatores na equação levaria a um modelo bastante sofisticado, necessitando de dados de entrada de difícil obtenção na prática.

6.3.5. O coeficiente de decaimento bacteriano K_b segundo o regime de mistura completa

Apesar das grandes vantagens amplamente reconhecidas para o modelo de fluxo disperso, admite-se que o modelo idealizado de mistura completa tem sido mais utilizado pelos projetistas. Von Sperling (2002a) analisou a relação teórica entre os coeficientes, segundo os regimes hidráulicos de mistura completa e de fluxo disperso e propôs equações, baseadas em análise da regressão, para conduzir a uma conversão fácil entre os mesmos. As equações permitem a estimativa do K_b para o regime de mistura completa, baseado no coeficiente K_b para fluxo disperso, no tempo de detenção t (produto $K_{b\,disp}$. t) e no número de dispersão d. Duas equações foram propostas, com diferentes faixas de aplicabilidade: uma para uma faixa mais estreita (mais precisa nesta faixa estreita) e outra para uma faixa mais ampla de K_b.t e d, cobrindo a maior parte das lagoas encontradas na prática:

- Faixa mais ampla (d variando de 0,1 a 4,0; K_{disp}.t variando de 0 a 10):

$$\frac{K_{mist}}{K_{disp}} = 1{,}0 + \left[0{,}0020 \text{ x } (K_{disp}.t)^{3{,}0137} \text{ x } d^{-1{,}4145}\right] \tag{6.6}$$

- Faixa mais estreita (d variando de 0,1 a 1,0; K_{disp}.t variando de 0 a 5):

$$\frac{K_{mist}}{K_{disp}} = 1{,}0 + \left[0{,}0540 \text{ x } (K_{disp}.t)^{1{,}8166} \text{ x } d^{-0{,}8426}\right] \tag{6.7}$$

onde:
K_{disp} = coeficiente de decaimento bacteriano segundo o regime de fluxo disperso (d^{-1})
K_{mist} = coeficiente de decaimento bacteriano segundo o regime de mistura completa (d^{-1})

Estas equações são válidas, não apenas para coliformes, mas para outros parâmetros que seguem a cinética de primeira ordem, como DBO.

O coeficiente K_b para mistura completa pode ser obtido por meio das Equações 6.6 ou 6.7, dentro da faixa de aplicabilidade de cada equação. Observa-se em ambas equações que, devido ao valor de 1,0 no lado direito das equações, *o coeficiente para mistura completa será sempre superior ao do fluxo disperso*. O coeficiente K_b para fluxo disperso pode ser obtido pelas equações 6.4 ou 6.5. O Número de Dispersão pode ser obtido por meio das fórmulas apresentadas no Capítulo 2 (Polprasert & Batharai, 1983; Agunwamba et al, 1992; Yanez, 1993; von Sperling, 1999). No entanto, acredita-se que a fórmula d=1/(L/B) (von Sperling, 1999) (Equação 2.14) possa ser adotada, dada a sua simplicidade e similaridade de resultados com as outras fórmulas.

Deve-se destacar que, em princípio, o coeficiente de decaimento não deveria variar com o modelo hidráulico, representando apenas o decaimento dos coliformes, de acordo com sua cinética (como determinado em um teste por batelada). No entanto, a inadequabilidade dos regimes hidráulicos idealizados em representar de forma perfeita as condições hidrodinâmicas da lagoa leva aos desvios que ocorrem na prática. Neste sentido, tem-se as seguintes situações:

- no regime de *mistura completa*, os coeficientes obtidos experimentalmente são *maiores* do que os determinados puramente segundo a cinética, devido ao fato de que os reatores de mistura completa são menos eficientes;

- no regime de *fluxo em pistão*, os coeficientes obtidos experimentalmente são *menores* do que os determinados puramente segundo a cinética, devido ao fato de que os reatores de fluxo em pistão são mais eficientes;
- no regime de *fluxo disperso*, os coeficientes devem se *aproximar* dos valores segundo a cinética, desde que o Número de Dispersão adotado para a lagoa esteja correto.

O Quadro 6.4 apresenta os valores de K_b para o regime hidráulico de mistura completa, obtidos segundo a metodologia descrita acima ($K_{b\ disp}$ estimado pela Equação 6.5 e $K_{b\ mist}$ estimado segundo as Equações 6.6 ou 6.7, de acordo com a faixa de aplicabilidade). Para que este quadro tenha uma aplicação prática, os valores do Número de Dispersão d foram convertidos a valores de L/B, utilizando-se a Equação 2.14 [d=1/(L/B)]. O quadro apresenta apenas relações L/B até 4. Valores superiores podem ser calculados segundo as equações 6.6 ou 6.7, mas, por uma questão conceitual, o ideal é que se usasse o modelo de fluxo disperso, uma vez que, na prática, sabe-se que lagoas alongadas não se comportam como mistura completa.

Quadro 6.4. Valores de K_b para mistura completa, à temperatura de 20ºC, para distintos valores da profundidade H, da relação L/B e do tempo de detenção t, para lagoas facultativas e de maturação.

t (d)	H (m)	K_b mistura completa (d^{-1})			
		Relação L/B			
		1	2	3	4
3	1,0	0,61	0,67	0,72	0,77
	1,5	0,34	0,36	0,37	0,38
	2,0	0,23	0,24	0,24	0,25
	2,5	0,17	0,18	0,18	0,18
5	1,0	0,72	0,86	0,99	1,12
	1,5	0,37	0,40	0,43	0,46
	2,0	0,24	0,25	0,27	0,28
	2,5	0,18	0,18	0,19	0,19
10	1,0	1,17	1,67	2,13	2,57
	1,5	0,48	0,59	0,70	0,81
	2,0	0,28	0,32	0,36	0,40
	2,5	0,20	0,21	0,23	0,25
15	1,0	1,86	2,90	3,87	4,78
	1,5	0,64	0,89	1,11	1,33
	2,0	0,34	0,43	0,51	0,59
	2,5	0,22	0,26	0,30	0,34

t (d)	H (m)	K_b mistura completa (d^{-1})			
		Relação L/B			
		1	2	3	4
20	1,0	1,97	4,34	7,29	10,68
	1,5	0,51	0,82	1,19	1,63
	2,0	0,42	0,57	0,71	0,84
	2,5	0,26	0,33	0,39	0,45
25	1,0	3,34	7,99	13,76	20,40
	1,5	0,69	1,29	2,03	2,88
	2,0	0,31	0,45	0,62	0,82
	2,5	0,20	0,24	0,30	0,36
30	1,0	*	*	*	*
	1,5	0,95	1,99	3,28	4,76
	2,0	0,37	0,62	0,92	1,26
	2,5	0,22	0,30	0,39	0,51
40	1,0	*	*	*	*
	1,5	*	*	*	*
	2,0	0,57	1,15	1,87	2,69
	2,5	0,28	0,47	0,70	0,97

(*): Considerável afastamento da faixa de validade das Equações 6.6 e 6.7 (confiabilidade questionável)
Células hachuradas: valores mais usuais em lagoas facultativas e de maturação
K_b para mistura completa: Equações 6.6 e 6.7
K_b para fluxo disperso: Equação 6.5
Número de Dispersão: d = 1/(L/B)

6.3.6. Resumo dos coeficientes de decaimento bacteriano K_b

Como resumo de todas estas considerações, o Quadro 6.5 apresenta as faixas de valores típicos resultantes do coeficiente K_b, para lagoas facultativas e de maturação, segundo os modelos hidráulicos de fluxo disperso e mistura completa. Valores fora das faixas típicas apresentadas podem ser obtidos segundo as metodologias dos Itens 6.3.4 e 6.3.5. Observa-se que as faixas de K_b para fluxo disperso são bem mais estreitas do que as de mistura completa, indicando uma maior confiabilidade em sua estimativa.

Quadro 6.5. Resumo das faixas de valores típicos de K_b (20°C) para lagoas facultativas e de maturação, segundo os modelos de fluxo disperso e mistura completa

Tipo de lagoa	Tempo de detenção t (d)	Profundidade H (m)	Relação L/B	K_b fluxo disperso (d^{-1})	K_b mistura completa (d^{-1})
Facultativa	15 a 40	1,5 a 2,0	2 a 4	0,2 a 0,3	0,4 a 5,0
Maturação (em série)	3 a 5 (em cada lagoa)	0,8 a 1,2	1 a 3	0,4 a 0,7	0,6 a 1,2
Maturação (com chicanas)	10 a 20	0,8 a 1,2	6 a 12	0,4 a 0,7	Não recomendado (*)

Maiores valores de K_b: associados a menores t, menores H e maiores L/B
Para valores fora das faixas típicas, usar metodologia descrita nos Itens 6.3.4 e 6.3.5
(*) Em lagoas com chicanas, sugere-se a adoção do modelo de fluxo disperso

Para outras temperaturas, K_b pode ser corrigido através da fórmula:

$$K_{bT} = K_{b20} . \theta^{(T-20)} \qquad (6.8)$$

onde:
θ = coeficiente de temperatura.

Também os valores de θ variam, segundo a literatura. Os valores extremos (θ=1,19) foram reportados por Marais (1974). Segundo Yanez, no entanto, estes valores estão superestimados, e os valores de θ a serem adotados devem estar na faixa de **1,07** (7% de aumento em K_b para o aumento de cada 1° C na temperatura).

6.4. REQUISITOS DE QUALIDADE PARA O EFLUENTE

Segundo a Resolução CONAMA nº 357/2005, 18/06/86, os padrões de *lançamento* não explicitam limites para coliformes. No entanto, há padrões para o *corpo receptor*, que são função da classe a que o mesmo pertence. Portanto, estudos de decaimento bacteriano necessitam ser executados também no corpo receptor, para se determinar a contagem máxima permissível no efluente (ver Capítulo 3 do Volume 1 da presente série). Os padrões de coliformes para os corpos d'água são, segundo a Resolução CONAMA:

Quadro 6.6. Padrões para coliformes nos **corpos de água doce**, segundo a Resolução CONAMA 357/2005

Parâmetro	Classe 1	Classe 2	Classe 3	Classe 4
Coliformes termotolerantes (NMP/100 ml)	200	1.000	4.000	-

Caso o efluente tratado seja utilizado para *irrigação*, tem-se diretrizes da Organização Mundial de Saúde (WHO, 1989), apresentadas no Quadro 6.7. Há dois tipos de organismos indicadores da qualidade microbiológica dos efluentes: a concentração de coliformes fecais (termotolerantes) e o número de ovos de helmintos por unidade de volume.

Quadro 6.7. Recomendações da Organização Mundial de Saúde relativas à qualidade microbiológica, para uso agrícola [a] de **efluentes** de estações de tratamento de esgoto

Categoria	Condições de reúso	Grupo exposto	Ovos de helmintos/l [b] (média aritmética)	CF/100 mL[c] (média geométrica)
A	Irrigação de culturas que são ingeridas cruas, campos de esporte e parques públicos. [d]	Trabalhadores, consumidores, público	≤ 1	≤ 1000 [d]
B	Irrigação de culturas não ingeridas cruas como cereais, para a industria, pastos, forragem e árvores.	Trabalhadores	≤ 1	Não se recomenda
C	Irrigação de culturas da categoria B se o público e os trabalhadores não ficam expostos	Nenhum	Não se aplica	Não se aplica

Fonte: OMS (WHO, 1989).

(a) em casos específicos, de acordo com os fatores ambientais, epidemiológicos, locais e socioculturais, devem ser consideradas modificações das recomendações;

(b) espécies dos nematóides *Ascaris, Trichuris*, *Necator americanus* e *Ancilostoma duodenale*

(c) durante o período de irrigação;

(d) recomendações mais rigorosas devem ser consideradas ($\leq$ 200 CF/100 mL) para gramados públicos onde o público tem contato direto;

(e) no caso de árvores frutíferas, a irrigação deve ser suspensa duas semanas antes da colheita, sem que as frutas sejam apanhadas do chão.

É interessante notar que os valores-limite dos padrões da OMS para utilização direta do efluente tratado em irrigação irrestrita (1.000 coliformes fecais/100 ml) correspondem aos mesmos valores-limite dos nossos padrões para corpos d'água de Classe 2 (após a diluição esgoto/corpo receptor).

De maneira geral, para qualquer dos critérios listados acima (irrigação ou corpo receptor), as contagens de coliformes no efluente devem ser bem baixas. Considerando-se que as concentrações de coliformes fecais (termotolerantes) sejam da ordem de 10^6 a 10^9 org/100ml nos esgotos brutos, as eficiências de remoção no tratamento devem ser *elevadíssimas*. Para atendimento aos padrões acima, são necessárias eficiências de remoção de coliformes da ordem de 3 a 5 log (99,9 a 99,999%) ao longo de todo o sistema de tratamento de esgotos.

Deve-se observar que a média referida acima para a concentração de coliformes é expressa em termos de **média geométrica**. Valem, portanto, algumas considerações sobre este parâmetro estatístico. Para variáveis cujos *valores variam segundo diversas ordens de magnitude*, é mais conveniente a utilização da média geométrica, ao invés da média aritmética. Este é o caso dos resultados do monitoramento de coliformes, os quais variam segundo uma faixa extremamente ampla, por exemplo, de 10^6 a 10^9 CF/100ml em esgotos domésticos brutos. Os valores mais elevados da faixa têm um grande peso na média aritmética, distorcendo o conceito da tendência central. Na faixa exemplificada acima, o valor mais elevado é 1000 vezes (10^3) maior do que o valor inferior. O cálculo da média geométrica é apresentado a seguir e ilustrado no Exemplo 6.1.

A média geométrica é dada pela raiz n do produto dos n termos:

$$\text{Média geométrica} = (x_1 . x_2 ... x_n)^{1/n} \qquad (6.9)$$

A média geométrica também pode ser calculada por:

$$\text{Média geométrica} = 10^{(\text{média aritmética dos logaritmos})} \qquad (6.10)$$

A seguinte afirmativa é também importante, e facilmente dedutível das considerações acima:

$$\text{Log}_{10} \text{ da média geométrica} = \text{média aritmética dos } \log_{10} \qquad (6.11)$$

Exemplo 6.1

Suponha-se que tenham sido obtidos os seguintes valores de coliformes fecais (termotolerantes) em 4 amostras: 50, 400, 3.000 e 20.000 CF/100ml . Estes dados, juntamente com os seus logaritmos na base 10 (log_{10}) estão apresentados na tabela a seguir. Dentro do conceito de que a ordem de grandeza dos coliformes é que é realmente importante, é freqüente que se relatem os valores em termos de magnitude, a qual corresponde ao log10 do valor original.

Dados de coliformes (dados originais e transformação logarítmica)

Dado	CF (CF/100ml)	Log_{10} (CF)
1	5,00E+01	1,699
2	4,00E+02	2,602
3	3,00E+03	3,477
4	2,00E+04	4,301

Calcular as médias geométrica e aritmética das concentrações de coliformes.

Solução:

Aplicando-se a Equação 6.9:

$$\text{Média geométrica} = (x_1 . x_2 . x_3 . x_4)^{1/4} = (50\text{x}400\text{x}3000\text{x}20000)^{1/4} = 1047 = = 1{,}047\text{x}10^3 \text{ CF/100ml}$$

A média geométrica pode ser também calculada pela Equação 6.10. No exemplo, a média aritmética dos log_{10} dos valores de CF apresentados na tabela é:

Média aritmética dos logaritmos = (1,699+2,602+3,477+4,301) / 4 = 3,020

Assim:

$$\text{Média geométrica} = 10^{(3{,}020)} = 1047 = 1{,}047\text{x}10^3 \text{ CF/100ml}$$

O valor encontrado é, naturalmente, igual ao obtido através da Equação 6.9.

O cálculo pela Equação 6.11 conduz a:

Log_{10} (1.047) = 3,020

Caso houvesse sido calculada a média aritmética dos dados originais (não transformados) de CF, ter-se-ia obtido: média aritmética = 5863 CF/100ml = 5,863 x 10^3 CF/100ml. Este valor é bem superior ao encontrado pela média geométrica, sendo superior a três dos quatro dados obtidos, e não dando, portanto, uma boa indicação da tendência central.

6.5. CRITÉRIOS DE PROJETO PARA A REMOÇÃO DE COLIFORMES

A necessidade de elevadas eficiências faz com que o regime hidráulico a ser adotado para as lagoas de maturação seja tal que favoreça esta maior eficiência. Em assim sendo, as lagoas de maturação devem ser projetadas segundo uma das duas seguintes configurações:

- *lagoa com chicanas* (percurso predominantemente longitudinal, que pode ser alcançado numa lagoa com chicanas através de defletores, que forcem um percurso em zig-zag)
- *células em série* (preferencialmente três ou mais)

Os principais parâmetros de projeto são:

- *tempo de detenção hidráulica (t)*
- *profundidade da lagoa (H)*
- *número de lagoas (n)*
- *relação comprimento/largura (L/B).*

De forma a permitir uma análise preliminar do projetista com relação a estes parâmetros, o Quadro 6.8 (temperatura de 20° C) e o Quadro 6.9 (temperatura de 25° C) apresentam as eficiências de remoção de coliformes que podem ser obtidas em uma lagoa única, para distintos valores de t, H e L/B. As eficiências de remoção estão listadas como unidades logarítmicas removidas. Os quadros foram elaborados segundo a metodologia proposta para fluxo disperso – Equação 6.5 para K_b, Equação 2.14 para d e fórmulas do Quadro 6.1. O Quadro 6.9 foi elaborado corrigindo-se o coeficiente K_b para T=25°C usando-se o coeficiente de temperatura $\theta = 1,07$. Objetivando aumentar a aplicabilidade dos quadros, estes englobam profundidades e tempos de detenção típicos, não apenas de lagoas de maturação, mas também de lagoas facultativas.

Quadro 6.8. Eficiências de remoção de coliformes, expressas em termos de unidades logarítmicas removidas, para distintos valores do tempo de detenção hidráulica t, profundidade H e relação L/B (fluxo disperso). Temperatura = **20º C**

t (d)	H (m)	Unidades log removidas									
		Relação L/B									
		1	2	3	4	6	8	10	12	16	32
3	1,0	0,48	0,51	0,54	0,56	0,59	0,61	0,62	0,63	0,65	0,67
	1,5	0,32	0,34	0,35	0,36	0,38	0,38	0,39	0,39	0,40	0,41
	2,0	0,24	0,25	0,26	0,26	0,27	0,28	0,28	0,28	0,28	0,29
	2,5	0,19	0,20	0,20	0,20	0,21	0,21	0,21	0,21	0,22	0,22
5	1,0	0,68	0,75	0,81	0,85	0,91	0,95	0,97	1,00	1,03	1,09
	1,5	0,48	0,51	0,54	0,56	0,59	0,61	0,62	0,63	0,65	0,67
	2,0	0,36	0,39	0,40	0,41	0,43	0,44	0,45	0,45	0,46	0,47
	2,5	0,29	0,31	0,32	0,32	0,33	0,34	0,35	0,35	0,35	0,36
10	1,0	1,05	1,21	1,33	1,42	1,55	1,65	1,72	1,78	1,87	2,05
	1,5	0,77	0,86	0,92	0,98	1,05	1,10	1,14	1,17	1,21	1,29
	2,0	0,60	0,66	0,70	0,74	0,78	0,81	0,84	0,85	0,88	0,92
	2,5	0,49	0,54	0,56	0,59	0,62	0,64	0,65	0,66	0,68	0,71
15	1,0	1,34	1,57	1,74	1,88	2,08	2,24	2,35	2,45	2,60	2,92
	1,5	0,99	1,13	1,24	1,32	1,44	1,52	1,59	1,64	1,71	1,87
	2,0	0,79	0,89	0,95	1,01	1,09	1,14	1,18	1,21	1,26	1,34
	2,5	0,66	0,72	0,77	0,81	0,87	0,90	0,93	0,95	0,98	1,04
20	1,0	1,57	1,87	2,09	2,27	2,54	2,75	2,91	3,04	3,25	3,72
	1,5	1,17	1,36	1,50	1,61	1,78	1,90	1,99	2,06	2,17	2,41
	2,0	0,95	1,08	1,17	1,25	1,36	1,43	1,49	1,54	1,61	1,75
	2,5	0,79	0,89	0,96	1,01	1,09	1,15	1,19	1,22	1,26	1,35
25	1,0	1,77	2,13	2,40	2,62	2,95	3,21	3,41	3,58	3,85	4,47
	1,5	1,34	1,57	1,74	1,88	2,08	2,24	2,36	2,45	2,60	2,92
	2,0	1,08	1,25	1,37	1,46	1,60	1,71	1,78	1,85	1,94	2,13
	2,5	0,91	1,04	1,13	1,20	1,30	1,37	1,43	1,47	1,53	1,66
30	1,0	1,95	2,37	2,68	2,94	3,33	3,63	3,87	4,08	4,40	5,17
	1,5	1,48	1,76	1,96	2,12	2,37	2,55	2,70	2,82	3,00	3,41
	2,0	1,20	1,40	1,55	1,66	1,83	1,96	2,06	2,13	2,25	2,50
	2,5	1,02	1,17	1,28	1,36	1,49	1,58	1,65	1,71	1,79	1,95
40	1,0	2,27	2,79	3,18	3,50	4,00	4,38	4,70	4,97	5,40	6,46
	1,5	1,73	2,08	2,34	2,55	2,87	3,12	3,32	3,48	3,74	4,32
	2,0	1,42	1,68	1,87	2,02	2,25	2,42	2,55	2,66	2,83	3,20
	2,5	1,21	1,41	1,55	1,67	1,84	1,97	2,07	2,14	2,26	2,52

K_b (disperso) = $0{,}542.H^{-1{,}259}$ $\quad$ d = 1/(L/B)

Unid.log.remov. = - $\log_{10}$ (1-Eficiência/100)

Eficiência (%) = $100.(N_0\text{-}N)/N_0 = 100.(1 - 10^{-\text{unid.log.remov}})$

Unidades logarítmicas removidas em sistema de lagoas em série = soma das unidades log removidas em cada lagoa da série

Quadro 6.9. Eficiências de remoção de coliformes, expressas em termos de unidades logarítmicas removidas, para distintos valores do tempo de detenção hidráulica t, profundidade H e relação L/B (fluxo disperso). Temperatura = **25º C**

t (d)	H (m)	Unidades log removidas									
		Relação L/B									
		1	2	3	4	6	8	10	12	16	32
3	1,0	0,61	0,66	0,71	0,74	0,79	0,82	0,84	0,86	0,88	0,93
	1,5	0,42	0,45	0,47	0,49	0,51	0,52	0,53	0,54	0,55	0,57
	2,0	0,32	0,33	0,35	0,36	0,37	0,38	0,38	0,39	0,39	0,40
	2,5	0,25	0,26	0,27	0,28	0,29	0,29	0,29	0,30	0,30	0,31
5	1,0	0,85	0,96	1,04	1,10	1,19	1,25	1,29	1,33	1,39	1,49
	1,5	0,61	0,67	0,71	0,74	0,79	0,82	0,84	0,86	0,88	0,93
	2,0	0,47	0,51	0,53	0,55	0,58	0,60	0,61	0,62	0,63	0,66
	2,5	0,38	0,40	0,42	0,43	0,45	0,46	0,47	0,48	0,49	0,50
10	1,0	1,29	1,51	1,67	1,79	1,99	2,13	2,24	2,33	2,47	2,76
	1,5	0,95	1,08	1,18	1,25	1,36	1,44	1,50	1,55	1,62	1,76
	2,0	0,76	0,84	0,91	0,96	1,03	1,08	1,12	1,14	1,18	1,26
	2,5	0,63	0,69	0,74	0,77	0,82	0,85	0,88	0,90	0,92	0,97
15	1,0	1,61	1,93	2,16	2,35	2,63	2,85	3,02	3,16	3,38	3,88
	1,5	1,21	1,41	1,56	1,67	1,84	1,97	2,07	2,15	2,27	2,52
	2,0	0,98	1,11	1,22	1,29	1,41	1,49	1,56	1,61	1,68	1,83
	2,5	0,82	0,92	1,00	1,05	1,14	1,19	1,24	1,27	1,32	1,42
20	1,0	1,88	2,28	2,58	2,82	3,18	3,47	3,70	3,89	4,19	4,90
	1,5	1,43	1,69	1,88	2,03	2,26	2,43	2,57	2,68	2,85	3,22
	2,0	1,16	1,34	1,48	1,59	1,75	1,86	1,95	2,02	2,13	2,36
	2,5	0,98	1,12	1,22	1,30	1,42	1,50	1,56	1,61	1,69	1,84
25	1,0	2,12	2,59	2,95	3,23	3,68	4,02	4,30	4,54	4,92	5,84
	1,5	1,61	1,93	2,16	2,35	2,63	2,85	3,02	3,16	3,38	3,88
	2,0	1,32	1,55	1,71	1,85	2,05	2,20	2,31	2,41	2,55	2,86
	2,5	1,12	1,29	1,42	1,52	1,67	1,78	1,87	1,93	2,03	2,24
30	1,0	2,33	2,87	3,28	3,61	4,13	4,53	4,86	5,14	5,60	6,71
	1,5	1,78	2,15	2,42	2,64	2,97	3,23	3,44	3,61	3,88	4,51
	2,0	1,46	1,73	1,93	2,09	2,33	2,51	2,65	2,77	2,95	3,34
	2,5	1,25	1,45	1,61	1,73	1,91	2,04	2,15	2,23	2,36	2,63
40	1,0	2,70	3,37	3,87	4,28	4,92	5,44	5,86	6,22	6,82	8,32
	1,5	2,07	2,53	2,88	3,15	3,58	3,92	4,19	4,42	4,78	5,66
	2,0	1,71	2,06	2,31	2,51	2,83	3,07	3,26	3,42	3,67	4,24
	2,5	1,47	1,74	1,94	2,10	2,34	2,52	2,66	2,78	2,96	3,36

K_b (disperso) = $0,542.H^{-1,259}$ $\quad$ d = 1/(L/B)
Unid.log.remov. = $-\log_{10}$ (1-Eficiência/100)
Eficiência (%) = $100.(N_0-N)/N_0 = 100.(1 - 10^{-\text{unid.log.remov}})$
Unidades logarítmicas removidas em sistema de lagoas em série = soma das unidades log removidas em cada lagoa da série

A **eficiência de remoção global** em um sistema composto por uma série de lagoas com *dimensões e características diferentes* é dada por:

$$E = 1 - [\,(1-E_1) \times (1-E_2) \times ... \times (1-E_n)\,] \quad (6.12)$$

onde:
E = eficiência de remoção global
E_1 = eficiência de remoção na lagoa 1
E_2 = eficiência de remoção na lagoa 2
E_n = eficiência de remoção na lagoa n

Nesta equação, todas as eficiências de remoção estão expressas como números relativos, e não como percentagens (ex: 0,9, e não 90%)

No caso das lagoas terem as *mesmas dimensões e características*, a fórmula é simplificada para:

$$E = 1 - (1-E_n)^n \quad (6.13)$$

onde:
E = eficiência de remoção global
E_n = eficiência de remoção em qualquer lagoa da série
n = número de lagoas em série

Nesta equação, todas as eficiências de remoção estão expressas como números relativos, e não como percentagens (ex: 0,9, e não 90%)

Se as eficiências de remoção estiverem expressas como *unidades logarítmicas removidas*, a remoção global é dada pela soma das eficiências individuais em cada lagoa, independentemente das dimensões e características serem as mesmas ou não:

unidades log = (unidades log lagoa 1) + (unidades log lagoa 2) + ... + (unidades log lagoa n) (6.14)

onde:
unidades log = unidades logarítmicas removidas no sistema como um todo
unidades log lagoa 1 = unidades logarítmicas removidas na lagoa 1
unidades log lagoa 2 = unidades logarítmicas removidas na lagoa 2
unidades log lagoa n = unidades logarítmicas removidas na lagoa n

Com relação à **profundidade**, as *lagoas de maturação* são usualmente projetadas com baixas profundidades, de forma a maximizar a fotossíntese e os efeitos bactericidas da radiação UV. Valores comumente adotados são:

Profundidade H: 0,8 a 1,0 m

Algumas pesquisas têm demonstrado grandes vantagens em termos de eficiência, ao se utilizar lagoas com profundidades inferiores a 0,8 m. No entanto, deve-se investigar a possibilidade de crescimento de vegetais enraizados no fundo destas lagoas rasas, bem como um mais rápido enchimento pelo lodo, que poderiam se constituir em possíveis problemas operacionais negativos.

Devido à baixa profundidade das lagoas de maturação, a introdução de chicanas é facilitada. As chicanas podem ser construídas com taludes, com madeira, como muros de concreto pré-moldado ou com lona ou membranas plásticas apoiadas em estruturas como cercas internas.

Ao se dimensionar as lagoas de maturação, deve ser levada em consideração nos cálculos a prévia remoção de coliformes nas unidades de montante (ex: lagoas anaeróbias, reatores anaeróbios, lagoas facultativas). A remoção de coliformes nas lagoas facultativas pode ser estimada seguindo a metodologia apresentada neste capítulo. A remoção de coliformes em lagoas anaeróbias e reatores anaeróbios de manta de lodo (UASB) pode ser adotada, para efeito de projeto, como 90% (1 unidade logarítmica removida).

Mara (1996) propõe ainda a observância aos seguintes critérios:

- Tempo de detenção mínimo em cada lagoa, de forma a evitar curtos-circuitos e varrimento de algas: 3 dias
- Taxa de aplicação superficial L_S ($kgDBO_5/ha.d$) máxima na primeira lagoa de maturação da série, de forma a evitar sobrecarga orgânica: 75% da taxa de aplicação na lagoa facultativa precedente

6.6. EXEMPLO DE DIMENSIONAMENTO

Exemplo 6.2

Dimensionar um sistema de lagoas de maturação para tratar os efluentes do sistema de lagoas facultativas (Exemplo 2.3), com as seguintes características:

População = 20.000 hab
Vazão afluente = 3.000 m^3/d
Temperatura: $T = 23\ ^oC$ (líquido)
Coliformes fecais (termotolerantes) no esgoto bruto: $N_o = 5x10^7$ CF/100ml

Dados das lagoas facultativas:

Número de lagoas em paralelo: 2
Comprimento de cada lagoa: $L = 245\ m$
Largura de cada lagoa: $B = 98\ m$
Profundidade: $H = 1,8\ m$
Tempo de detenção hidráulica: $t = 28,8\ d$

Solução:

1. Remoção de coliformes nas lagoas facultativas

a) Regime hidráulico a ser adotado nos cálculos

Adotar o regime de fluxo disperso

b) Número de dispersão d

Adotando-se a Equação 2.14, e sabendo-se que a relação L/B em cada lagoa facultativa é igual a 2,5 (245m/98m = 2,5), tem-se:

$d = 1/(L/B) = 1/2,5 = 0,40$

Caso houvesse sido utilizada a fórmula de Agunwamba (1992) e Yanez (1993), ter-se-ia obtido d = 0,42 e d = 0,37, respectivamente, valores bem próximos aos obtidos acima.

c) Coeficiente de remoção de coliformes

Utilizando-se a Equação 6.5 para fluxo disperso, obtém-se o valor do coeficiente de decaimento bacteriano:

K_b *(disperso)* $= 0,542.H^{-1,259} = 0,542 \times 1,80^{-1,259} = 0,26\ d^{-1}$ *(20°C)*

Caso houvesse sido usada a Equação 6.4, baseada em H e t, ter-se-ia obtido $K_b = 0,18\ d^{-1}$.

Para 23°C, tem-se:

$K_{bT} = K_{b20}.\ \theta^{(T-20)} = 0,26 \times 1,07^{(23-20)} = 0,32\ d^{-1}$

d) Concentração efluente de coliformes

Adotando-se a equação para fluxo disperso (Quadro 6.1), e sabendo-se que o tempo de detenção nas lagoas facultativas é de 28,8 dias, tem-se:

$$a = \sqrt{1+4K.t.d} = \sqrt{1+4x0,32x28,8x0,40} = 3,95$$

$$N = N_o.\frac{4ae^{1/2d}}{(1+a)^2 e^{a/2d} - (1-a)^2 e^{-a/2d}} =$$

$$N = 5.0x10^7.\frac{4x3,95.e^{1/(2x0,40)}}{(1+3,95)^2.e^{3,95/(2x0,40)} - (1-3,95)^2.e^{-3,95/(2x0,40)}} = 8,2x10^5\ CF/100ml$$

Esta concentração efluente da lagoa facultativa é a concentração afluente à etapa de lagoas de maturação.

A eficiência de remoção de coliformes na lagoa facultativa é:

$$E = \frac{N_o - N}{N_o} x100 = \frac{5{,}0x10^7 - 8{,}2x10^5}{5{,}0x10^7} x100 = 98{,}4\%$$

<u>2. Alternativa: três lagoas de maturação em série</u>

e) Volume das lagoas

Adotar um tempo de detenção total igual a 12 dias (4 dias em cada lagoa).

Volume de cada lagoa:

$V = t.Q = 4\ d\ x\ 3.000\ m^3/d = 12.000\ m^3$

f) Dimensões das lagoas

Profundidade: H = 1,0 m (adotado)

Área superficial de cada lagoa: $A = V/H = 12.000\ m^3/1{,}0\ m = 12.000\ m^2$
Área superficial total: $12.000 m^2\ x\ 3 = 36.000\ m^2$

Dimensões: adotar lagoas quadradas (relação L/B = 1,0)

- *Número de lagoas: 3*
- *Comprimento = 110 m*
- *Largura = 110 m*
- *Profundidade = 1,0 m*

A área total requerida pela lagoa de maturação (incluindo taludes, vias etc) é em torno de 25% superior à área líquida determinada. Portanto, a área total requerida é estimada como $1{,}25x36.000\ m^2 = 45.000\ m^2 = 4{,}5$ *ha* ($2{,}25\ m^2/hab$).

Apenas para se ilustrar melhor o modelo de mistura completa, foram adotadas lagoas quadradas neste exemplo. Idealmente, cada lagoa poderia ser retangular (maior relação L/B), de forma a reduzir o número de dispersão e aumentar a eficiência de remoção de coliformes.

g) Concentração de coliformes no efluente final

<u>Cálculo segundo o modelo de fluxo disperso:</u>

Número de Dispersão, segundo Equação 2.14, para L/B = 1:

d = 1/(L/B) = 1/1,0 = 1,0

Pela fórmula de Yanez (1993), Equação 2.13, ter-se-ia obtido d=0,99 (bastante próximo ao obtido acima).

O valor do coeficiente de decaimento bacteriano é dado por (Equação 6.5):

K_b *(disperso)* $= 0{,}542.H^{-1,259} = 0{,}542 \times 1{,}0^{-1,259} = 0{,}54\ d^{-1}$ *(20ºC)*

Caso houvesse sido usada a Equação 6.4, baseada em H e t, ter-se-ia obtido $K_b = 0{,}58\ d^{-1}$.

Para T=23º C, o valor de K_b *é:*

$$K_{bT} = K_{b20}.\ \theta^{(T-20)} = 0{,}54 \times 1{,}07^{(23-20)} = 0{,}66\ d^{-1}$$

A concentração de coliformes efluentes da 1ª lagoa da série é:

$$a = \sqrt{1 + 4K.t.d} = \sqrt{1 + 4x0{,}66x4{,}0x1{,}0} = 3{,}42$$

$$N = N_o.\frac{4ae^{1/2d}}{(1+a)^2 e^{a/2d} - (1-a)^2 e^{-a/2d}} =$$

$$N = 8{,}2x10^5.\frac{4x3{,}42.e^{1/(2x1{,}0)}}{(1+3{,}42)^2.e^{3{,}42/(2x1{,}0)} - (1-3{,}42)^2.e^{-3{,}42/(2x1{,}0)}} = 1.7x10^5 CF/100ml$$

A eficiência de remoção na 1ª lagoa da série é:

$$E = \frac{N_o - N}{N_o} x100 = \frac{8{,}2x10^5 - 1{,}7x10^5}{8{,}2x10^5} = 0{,}789 = 79\ \%$$

Considerando-se que as três lagoas têm as mesmas dimensões, pode-se calcular a eficiência da série de n=3 lagoas:

$$E_n = 1-(1-E_1)^n = 1-(1-0{,}789)^3 = 0{,}991 = 99{,}1\%$$

A concentração de coliformes no efluente final é:

$$N = N_0\ .\ (1-E) = 8{,}2 \times 10^5\ .\ (1-0{,}991) = 7{,}7 \times 10^3\ CF/100ml$$

<u>Cálculo segundo o modelo de mistura completa:</u>

A título de ilustração e comparação, apresenta-se também o cálculo caso houvesse sido assumido o regime hidráulico de mistura completa.

Coeficiente K_b (20° C) para mistura completa, com base no coeficiente K_b para fluxo disperso (K_b=0,54 d^{-1}, para T=20° C), t=4,0 d e d=1,0 - segundo a Equação 6.7:

$$\frac{K_{b\,mist}}{K_{b\,disp}} = 1{,}0 + \left[0{,}0540 \text{ x } (K_{b\,disp}.t)^{1{,}8166} \text{ x } d^{-0{,}8426}\right] =$$

$$= 1{,}0 + \left[0{,}0540\text{x}(0{,}54\text{x}4{,}0)^{1{,}8166}\text{x}1{,}0^{-1{,}4145}\right] = 1{,}22$$

K_{mist} = 1,22 x K_{disp} = 1,22 x 0,54 = 0,66 d^{-1} (20° C)

Para T=23° C, K_b é corrigido para K_b = 0,81 d^{-1}.

A concentração de coliformes no efluente final é dada diretamente pela equação seguinte, considerando-se o tempo de detenção total em todas as lagoas de 12 d e o número de lagoas n=3 (ver Quadro 6.1):

$$N = \frac{N_o}{(1 + K_b.\frac{t}{n})^n} = \frac{8{,}2\text{x}10^5}{(1 + 0{,}81.\frac{12}{3})^3} = 1{,}0\text{x}10^4 \text{ CF/100ml}$$

A eficiência das lagoas de maturação é:

$$E = \frac{N_o - N}{N_o}\text{x}100 = \frac{8{,}2\text{x}10^5 - 1{,}0\text{x}10^4}{8{,}24\text{x}10^5} = 0{,}987 = 98{,}7\,\%$$

<u>*Comparação entre os modelos:*</u>

h) Eficiência global de remoção

A eficiência global *do sistema de lagoas facultativas - lagoas de maturação na remoção de coliformes é:*

Modelo de fluxo disperso para as lagoas de maturação:

$$E = \frac{N_o - N}{N_o}\text{x}100 = \frac{5{,}0\text{x}10^7 - 7{,}7\text{x}10^3}{5{,}0\text{x}10^7}\text{x}100 = 99{,}98\,\%$$

Modelo de mistura completa para as lagoas de maturação:

$$E = \frac{N_o - N}{N_o}\text{x}100 = \frac{5{,}0\text{x}10^7 - 1{,}0\text{x}10^4}{5{,}0\text{x}10^7}\text{x}100 = 99{,}98\,\%$$

Unidades log removidas = - log(1-E/100) = - log(1-99,98/100) = 3,7 unidades log removidas

***Obs**: os modelos de fluxo disperso e mistura completa conduziram a uma eficiência global de remoção de 99,98% (lagoa facultativa – lagoas de maturação). As estimativas de coliformes efluentes conduziram a: modelo de fluxo disperso: 7,7 x 10^3 CF/100ml; modelo de mistura completa: 1,0 x 10^4 CF/100ml. Estes desvios são pequenos e devem ser interpretados considerando-se toda a incerteza nas computações envolvendo coliformes e os diversos arredondamentos efetuados nos cálculos.*

O sistema de lagoas proposto não atende às diretrizes da OMS para irrigação irrestrita (1,0x10^3 CF/100 ml), mas poderá atender ao padrão para corpos d'água Classe 2 do CONAMA (1,0x10^3 CF/100 ml), dependendo da razão de diluição do corpo receptor. De qualquer forma, pode-se verificar a grande contribuição representada pelas lagoas de maturação na remoção dos coliformes fecais.

Caso se desejassem maiores eficiências de remoção, o tempo de detenção total e/ou o número de lagoas poderia ser aumentado, até que se atingisse a qualidade desejada para o efluente. No entanto, o aumento do tempo de detenção deve ser alcançado através do aumento da área superficial, e não da profundidade. *Caso a profundidade aumente, o valor de K_b será reduzido, e a eficiência não aumentará como desejado. Caso seja adotado um maior número de lagoas na série, deve-se verificar se o tempo de detenção em cada lagoa é maior ou igual a 3 d. Por exemplo, 4 lagoas em série, com um tempo de detenção total de 12 d, terão 3 d em cada lagoa, o que é o mínimo aceitável, de acordo com Mara (1996). Uma outra possibilidade é tornar as lagoas retangulares, com uma maior relação L/B, de forma a diminuir a dispersão.*

3. Alternativa: lagoa única com chicanas

i) Volume da lagoa

Adotar um tempo de detenção igual a 12 dias.

Volume da lagoa de maturação:

$V = t.Q = 12\ d \times 3.000\ m^3/d = 36.000\ m^3$

j) Dimensões da lagoa

Profundidade: H = 1,0 m (adotado)

Área superficial: $A = V/H = 36.000\ m^3/1,0\ m = 36.000\ m^2$

Adotar dimensões externas quadradas, mas dimensões internas divididas com 3 chicanas. As chicanas podem ser de lonas, madeira, taludes de terra ou outro material adequado.

Dimensões externas:

- *Comprimento: L = 190 m*
- *Largura: B = 190 m*

A relação L/B interna da lagoa será (Equação 6.3):

$$L/B = \frac{L}{B}(n+1)^2 = \frac{190}{190}.(3+1)^2 = 16$$

Pelo fato de se dividir a área interna com 3 chicanas, a lagoa terá 4 trechos, cada um com um comprimento de 190 m e uma largura de 190/4 = 47,5 m. A lagoa pode ser considerada como comportando-se como uma lagoa retangular, com relação L/B = 16, comprimento total L = 190x4 = 760 m e largura 47,5 m.

A área total requerida pela lagoa de maturação (incluindo taludes, vias etc) é em torno de 25% superior à área líquida determinada. Portanto, a área total requerida é estimada como 1,25x36.000 m^2 = 45.000 m^2 = 4,5 ha (2.25 m^2/hab).

l) Regime hidráulico a ser adotado nos cálculos

Adotar o regime de fluxo disperso.

m) Número de dispersão

Adotando-se a Equação 2.14, com L/B=16, tem-se:

d = 1/(L/B) = 1/16 = 0,06

Caso houvesse sido utilizada a fórmula de Agunwamba (1992), ter-se-ia obtido d=0,11, e, com a fórmula de Yanez (1993), ter-se-ia d=0,06.

n) Coeficiente de decaimento de coliformes

O valor do coeficiente de decaimento bacteriano pode ser dado por (Equação 6.5):

K_b *(fluxo disperso)* $= 0,542.H^{-1,259} = 0,542 \times 1,0^{-1,259} = 0,54\ d^{-1}$ *(20°C)*

Caso houvesse sido usada a Equação 6.4, baseada em H e t, ter-se-ia obtido $K_b = 0,40\ d^{-1}$.

Para 23°C, tem-se:

$$K_{bT} = K_{b20}.\ \theta^{(T-20)} = 0,54 \times 1,07^{(23-20)} = 0,66\ d^{-1}$$

o) Concentração efluente de coliformes

Adotando-se a equação para fluxo disperso (Quadro 6.1), tem-se:

$$a = \sqrt{1 + 4K.t.d} = \sqrt{1 + 4x0,66x12x0,06} = 1,73$$

$$N = N_o.\frac{4ae^{1/2d}}{(1+a)^2 e^{a/2d} - (1-a)^2 e^{-a/2d}} =$$

$$N = 8,2x10^5.\frac{4x1,73.e^{1/(2x0,06)}}{(1+1,73)^2.e^{1,73/(2x0,06)} - (1-1,73)^2.e^{-1,73/(2x0,06)}} = 2,2x10^3\ CF/100ml$$

Este sistema também não atende (embora se aproxime) às diretrizes da OMS para irrigação irrestrita ($1,0x10^3$ CF/100 ml), mas poderá atender ao padrão para corpos d'água Classe 2 do CONAMA ($1,0x10^3$ CF/100 ml), dependendo da razão de diluição do corpo receptor. Neste exemplo, os resultados são um pouco melhores do que com a alternativa de 3 lagoas em série. De qualquer forma, pode-se também verificar a grande contribuição representada pelas lagoas de maturação na remoção dos coliformes fecais.

Ver o comentário no item h relativo à melhoria na qualidade do efluente.

p) Eficiências de remoção

A eficiência da lagoa de maturação é:

$$E = \frac{N_o - N}{N_o} x100 = \frac{8,2x10^5 - 2,2x10^3}{8,2x10^5} x100 = 99,7\ \%$$

A eficiência global *do sistema de lagoas facultativas - lagoa de maturação na remoção de coliformes é:*

$$E = \frac{N_o - N}{N_o} x100 = \frac{5,0x10^7 - 2,2x10^3}{5,0x10^7} x100 = 99,996\%$$

Unidades log removidas = - log(1-E/100) = - log(1-99,996/100) = 4,35 unidades log removidas

***Obs**. Caso houvesse sido adotado o modelo de mistura completa (ainda que este não seja indicado para lagoas com elevados valores da relação L/B), teriam sido obtidos os seguintes resultados, utilizando-se a metodologia exemplificada no item i:* K_{mist}/K_{disp} *= 17,84 (Equação 6.6, com* K_b *disperso = 0,54* d^{-1} *para T=20° C);* K_b *mistura completa = 0,54 x 17,84 = 9,67* d^{-1} *(20° C) e* K_b *mistura completa = 11,85* d^{-1} *(23° C); CF efluente = 5,7 x* 10^3 *CF/100ml. Este valor de coliformes fecais efluente é próximo ao estimado segundo o modelo de fluxo disperso (2,2x*10^3 *CF/100ml), indicando a adequabilidade de ambas as abordagens para a estimativa dos coliformes efluentes de lagoas. Naturalmente deve-se dar prioridade ao emprego do modelo de fluxo disperso, pelo fato deste ser conceitualmente mais adequado.*

4. Comparação entre as duas alternativas

Item	Alternativa: 3 lagoas de maturação em série	Alternativa: 1 lagoa de maturação com chicanas
Número de lagoas	3 em série	1
Número de chicanas	-	3
Tempo de detenção total (d)	12	12
Tempo de detenção em cada lagoa (d)	4	12
Área líquida requerida (ha)	3,6	3,6
Área bruta requerida (ha)	4,5	4,5
Comprimento de cada lagoa (m)	110	190
Largura de cada lagoa (m)	110	190
Profundidade (m)	1,0	1,0
Coli fecais afluentes à lagoa facultativa (CF/100 ml)	$5{,}0x10^7$	$5{,}0x10^7$
Coli fecais afluentes à lagoa maturação (CF/100 ml)	$8{,}2x10^5$	$8{,}2x10^5$
Coliformes fecais no efluente final (CF/100 ml)	$7{,}7x10^3$	$2{,}2x10^3$
Eficiência das lagoas de maturação (%)	99,1	99,7
Eficiência global (facultativa + maturação) (%)	99,984	99,996
Unidades log removidas (global)	3,81	4,35

Observa-se que ambas as alternativas são equivalentes do ponto de vista de área requerida e não muito distintas em termos de qualidade do efluente final. Em cada alternativa, é possível ainda uma otimização do projeto, conduzindo a uma melhoria na qualidade do efluente. Na seleção da alternativa, outros itens devem ser investigados, relacionados a custos, topografia, solo e outros fatores locais.

Nota: nos cálculos, pequenas diferenças podem ocorrer devido a erros de arredondamento (os cálculos foram efetuados usando uma planilha eletrônica, a qual não arredonda os valores numéricos).

5. *Arranjo das lagoas (incluindo as lagoas facultativas)*

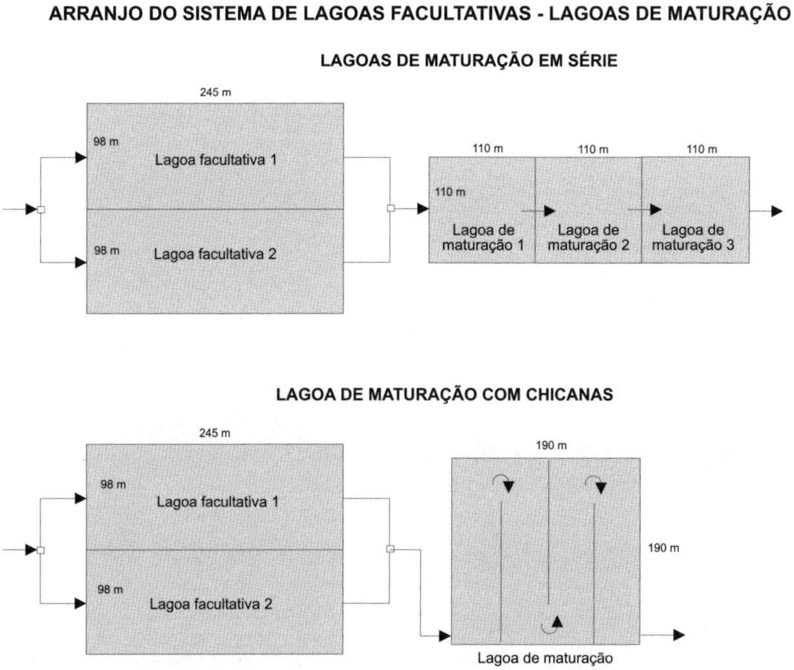

6.7. REMOÇÃO DE OVOS DE HELMINTOS

Os ovos de helmintos são removidos por sedimentação, que ocorre em grande parte nas lagoas anaeróbias e facultativas. Caso ainda haja ovos remanescentes no efluente, haverá uma sedimentação adicional nas lagoas de maturação. Se houver a necessidade do cumprimento às diretrizes para irrigação restrita e irrestrita (≤ 1 ovo/litro), pode-se considerar que o sistema de lagoas deve produzir um efluente que contém freqüentemente zero ovos por litro.

Ayres et al (1992), analisando dados de remoção de ovos de helmintos em lagoas no Brasil, Quênia e Índia, desenvolveram as Equações 6.15 e 6.16, válidas para lagoas anaeróbias, facultativas e de maturação. As equações devem ser aplicadas seqüencialmente em cada lagoa da série, de forma que o número de ovos no efluente final possa ser determinado (Mara et al, 1992). O modelo de Ayres et al (1992), aplicado a uma lagoa piloto chicaneada no Sudeste do Brasil, apresentou bons resultados (von Sperling et al, 2002a, 2002b).

- Eficiência média de remoção (a ser usada para representar condições médias de operação):

$$E = 100 . [1 - 0,14.e^{(-0,38.t)}] \quad (6.15)$$

- Eficiência de remoção segundo o limite inferior de confiança de 95% (a ser usada para projeto, por se posicionar a favor da segurança):

$$E = 100 . [1 - 0,41.e^{(-0,49.t + 0,0085.t^2)}] \quad (6.16)$$

onde:
E = eficiência de remoção de ovos de helmintos (%)
t = tempo de detenção hidráulica em cada lagoa da série (d)

O Quadro 6.10 e a Figura 6.7 apresentam os valores de eficiência de remoção resultantes da aplicação das Equações 6.15 e 6.16.

Quadro 6.10. Eficiência de remoção de ovos de helmintos, de acordo com o modelo de Ayres et al (1992)

Tempo de detenção hidráulica (d)	Eficiência de remoção (%)		Unidades logarítmicas removidas	
	Valores médios	95% de confiança	Valores médios	95% de confiança
2	93,45	84,08	1,18	0,80
4	96,94	93,38	1,51	1,18
6	98,57	97,06	1,84	1,53
8	99,33	98,60	2,17	1,85
10	99,69	99,29	2,50	2,15
12	99,85	99,61	2,83	2,41
14	99,93	99,77	3,16	2,64
16	99,97	99,86	3,49	2,85
18	99,985	99,90	3,82	3,02
20	99,993	99,93	4,15	3,17
22	99,997	99,95	4,48	3,28
24	99,998	99,957	4,81	3,37
26	99,999	99,962	5,14	3,42
28	99,9997	99,965	5,47	3,45
30	99,9998	99,964	5,80	3,45

Unidades log removidas = - log (1 – E/100)
Eficiência (%): $E = 100.(1 - 10^{-\text{unid.log.remov}})$

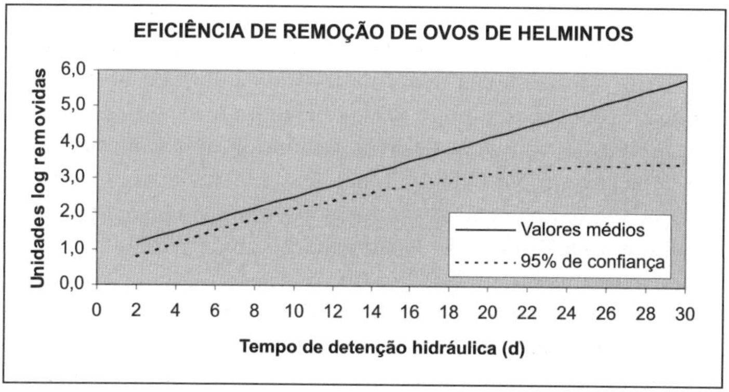

Figura 6.7. Unidades logarítmicas removidas de ovos de helmintos, segundo o modelo de Ayres et al (1992)

A concentração a ser atingida no efluente depende, em grande parte, também da concentração afluente. A concentração de ovos no esgoto bruto é função das condições sanitárias da população. Valores típicos situam-se na ampla faixa de **10^1 a 10^3 ovos/l**, com a faixa entre 10^2 e 10^3 ovos/l associada a populações com condições sanitárias bastante desfavoráveis. Desta forma, para se atingir um efluente final com menos que 1 ovo/l, para irrigação restrita e irrestrita, as eficiências de remoção devem estar entre **90 e 99,9%** (1 a 3 unidades log).

As diretrizes da OMS especificam médias aritméticas para os ovos de helmintos. Deve-se notar, no entanto, que a média aritmética nem sempre é a melhor medida de tendência central, especialmente neste caso, em que a maioria dos valores é igual a zero, e apenas poucos dados são superiores a zero.

Cavalcanti et al (2001) e von Sperling et al (2002a, 2002b) comentam que a remoção de ovos de helmintos ocorre por um processo de sedimentação discreta, que, na teoria, está associada à taxa de aplicação hidráulica superficial ($m^3/m^2.h$) e independe da profundidade. Eliminações totais de ovos de helmintos foram alcançadas em lagoas piloto situadas no Nordeste e Sudeste do Brasil, operando com taxas de aplicação superficial entre **0,12** e **0,20 $m^3/m^2.d$**. A taxa de aplicação mais conservadora de 0,12 $m^3/m^2.d$, com uma profundidade de 1,0 m, corresponde a um tempo de detenção hidráulica de $(1{,}0m)/(0{,}12m^3/m^2.d) = 8$ d.

A Organização Mundial de Saúde (1989) sugere que séries de lagoas com tempo de detenção hidráulica total de **8 dias** podem produzir efluentes com menos de 1 ovo/litro, em média.

De acordo com a equação de Ayres (Equação 6.15, para valores médios), para 8 dias de tempo de detenção tem-se uma eficiência de remoção de 2,17 unidades logarítmicas (99,33% de eficiência). Neste caso, concentrações efluentes inferiores a 1 ovo/l serão obtidas se o afluente contiver menos que 150 ovos/l.

Pesquisas realizadas em uma lagoa piloto chicaneada no Sudeste do Brasil (von Sperling et al, 2002) apresentaram diversos dados de interesse com relação aos ovos no lodo. Os ovos sedimentados ficam incorporados ao lodo de fundo, e tendem a permanecer viáveis por um longo período (Figura 6.8). A Figura 6.9 apresenta o perfil longitudinal de acúmulo de ovos no lodo de fundo da lagoa, mostrando a tendência de decréscimo ao longo do percurso pelos vários compartimentos da lagoa chicaneada. São apresentados também os valores da contagem de ovos por grama de sólidos totais, unidade usualmente utilizada para a caracterização de lodos. A Figura 6.10 mostra a distribuição das espécies de ovos de helmintos no lodo. Observa-se que a distribuição relativa não foi substancialmente diferente ao longo do comprimento da lagoa. Em termos dos valores globais no lodo, a seguinte relação foi encontrada: *Ascaris lumbricoides*: 99.1%, *Trichuris trichiura*: 0.8%; *Ancilostoma sp.*: 0.1%.

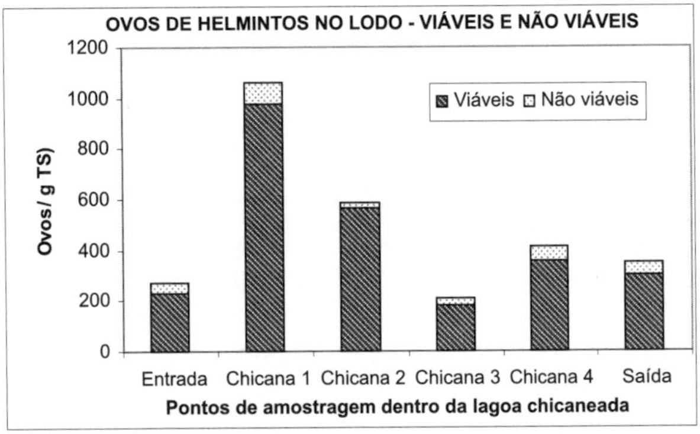

Fig. 6.8. Distribuição dos ovos de helmintos no lodo ao longo de uma lagoa piloto chicaneada, , após um ano de operação, com indicação da viabilidade e não viabilidade

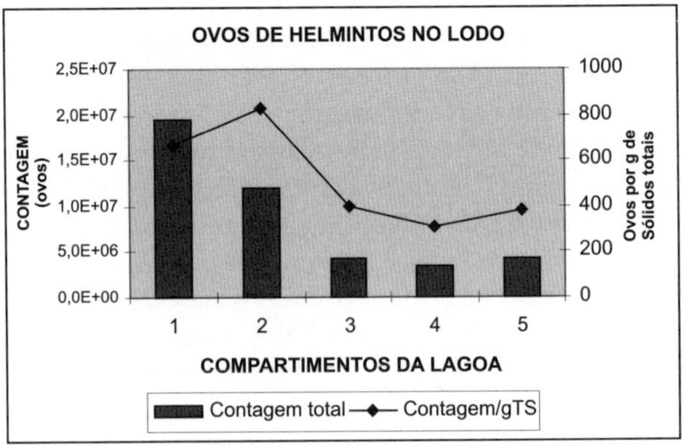

Fig. 6.9. Perfil longitudinal do acúmulo de ovos de helmintos no lodo de uma lagoa piloto chicaneada no Sudeste do Brasil, após um ano de operação

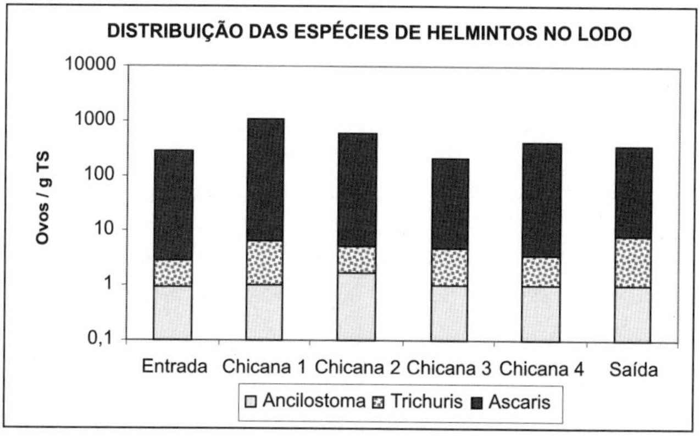

Fig. 6.10. Distribuição das espécies de helmintos no lodo ao longo de uma lagoa piloto chicaneada no Sudeste do Brasil, após um ano de operação

Exemplo 6.3

Estimar a concentração efluente de ovos de helmintos do sistema composto por lagoa facultativa – lagoa de maturação chicaneada (Exemplos 2.3 e 6.2), com as seguintes características:

População = 20.000 hab
Vazão afluente = 3.000 m^3/d
Concentração de ovos de helmintos no esgoto bruto: 200 ovos/l (assumido)

Tempo de detenção hidráulica na lagoa facultativa: t = 28,8 d
Tempo de detenção hidráulica na lagoa de maturação chicaneada: t = 12,0 d

Solução:

a)Remoção de ovos de helmintos na lagoa facultativa

Para efeito de projeto, a eficiência de remoção de ovos de helmintos na lagoa facultativa é dada pela Equação 6.16:

$$E = 100\,.\,[1 - 0{,}41.e^{(-0{,}49.t\ +0{,}0085.t^{\ 2})}\,] =$$

$$= 100.[1\ -\ 0{,}41.e^{(-0{,}49x28,\ 8 + 0{,}0085x28,\ 8^2\ )}\,] = 99{,}965\%$$

Este valor, naturalmente, está de acordo com o valor do Quadro 6.10.

A concentração de ovos no efluente da lagoa facultativa é:

$C_e = C_o \times (1 - E/100) = 200 \times (1 - 99{,}965/100) = 0{,}07$ ovos/l

O efluente da lagoa facultativa já atende às diretrizes da Organização Mundial de Saúde para irrigação restrita e irrestrita (≤ 1 ovo/l).

<u>b)Remoção de ovos de helmintos na lagoa de maturação</u>

Novamente, para efeito de projeto, a eficiência de remoção de ovos de helmintos na lagoa de maturação é dada pela Equação 6.16:

$$E = 100\,.[1 - 0{,}41.e^{(-0{,}49.t\,+0{,}0085.t^{2})}] =$$

$$= 100.[1 - 0{,}41.e^{(-0{,}49x12{,}0 +\, 0{,}0085x12{,}0^{2})}] = 99{,}61\%$$

Naturalmente, este valor é o mesmo que o obtido por meio do Quadro 6.10.

A concentração de ovos no efluente da lagoa de maturação (efluente final do sistema) é:

$C_e = C_o \times (1 - E/100) = 0{,}07 \times (1 - 99{,}61/100) = 2{,}7 \times 10^{-3}$ ovos/l

Este valor corresponde, em termos práticos, a valores nulos no efluente.

CAPÍTULO 7

Remoção de nutrientes

7.1. REMOÇÃO DE NITROGÊNIO

Os principais mecanismos de remoção de *nitrogênio* em lagoas de estabilização são (Arceivala, 1981; EPA, 1983; Soares et al, 1995):

- volatilização da amônia
- assimilação da amônia pelas algas
- assimilação dos nitratos pelas algas
- nitrificação - desnitrificação
- sedimentação do nitrogênio orgânico particulado

Destes mecanismos, o mais importante é o da **volatilização da amônia**, ou seja, desprendimento (dessorção) da amônia para a atmosfera. No meio líquido, a amônia apresenta-se segundo a seguinte reação de equilíbrio:

$$NH_3 + H^+ \leftrightarrow NH_4^+ \qquad (7.1)$$

A amônia livre (NH_3) é passível de volatilização, ao passo que a amônia ionizada não pode ser removida por volatilização. Com a elevação do pH, o equilíbrio da reação se desloca para a esquerda, favorecendo a maior presença de NH_3. A 20°C, no pH em torno da neutralidade, praticamente toda a amônia encontra-se na forma de NH_4^+. No pH próximo a 9,5, aproximadamente 50% da amônia estão na forma de NH_3 e 50% na forma de NH_4^+. Em pH superior a 11, praticamente toda a amônia está na forma de NH_3 (ver Volume 1, Capítulo 2).

A fotossíntese que ocorre nas lagoas facultativas e de maturação contribui para a elevação do pH, por retirar do meio líquido o CO_2, ou seja, a acidez carbônica. Em condições de elevada atividade fotossintética, o pH pode subir a valores superiores a 9,0, proporcionando condições para a volatilização do NH_3. Ademais, em condições de alta taxa de fotossíntese, a elevada produção algal contribui com o consumo direto de NH_3 pelas algas (Arceivala, 1981).

O mecanismo da volatilização tende a ser mais importante em *lagoas de maturação*, as quais, em função da sua reduzida profundidade, e conseqüente atividade fotossintética ao longo de toda a coluna d'água, usualmente atingem valores de pH bastante elevados. Adicionalmente, nas lagoas de maturação, o desprendimento de bolhas de oxigênio da fase líquida supersaturada pode acelerar o desprendimento de NH_3 (van Haandel e Lettinga, 1994).

Em lagoas de maturação em série, a eficiência de remoção de amônia pode situar-se entre 70 e 80%, e em lagoas de maturação especialmente rasas, pode ser superior a 90%, eventualmente cumprindo com o padrão de lançamento do CONAMA, de 5 mg/l de amônia (van Haandel e Lettinga, 1994; Soares et al, 1995). Em lagoas facultativas e aeradas, a eficiência de remoção de nitrogênio situa-se entre 30 e 50%.

A perda de nitrogênio através da sua assimilação pelas algas, e conseqüente saída pelo efluente é de menor importância, caso se deseje atingir elevados percentuais de remoção. O nitrogênio constitui em torno de 6 a 12%, em peso seco, do material celular das algas (Arceivala, 1981). Assumindo-se uma concentração de 80 mg/l de algas no efluente, a perda de nitrogênio será de 0,06x80≈5 mgN/l a 0,12x80≈10 mgN/l. Admitindo-se um teor de NTK (amônia + nitrogênio orgânico) no esgoto afluente da ordem de 50 mgN/l, o percentual de remoção através de perda com o efluente final situa-se entre 10 e 20%.

Os demais mecanismos de remoção de nitrogênio atuam simultaneamente, mas são considerados de menor importância. A nitrificação é pouco representativa em lagoas facultativas e lagoas aeradas. Nas lagoas anaeróbias, não há, naturalmente, nenhuma reação de oxidação da amônia, devido à ausência de oxigênio.

A literatura apresenta algumas equações, desenvolvidas na América do Norte, para a estimativa da concentração efluente de *amônia* (Equações 7.2 e 7.3) e de *nitrogênio* (Equações 7.4 e 7.5).

Remoção de amônia (Pano e Middlebrooks, 1982):

- T< 20ºC:

$$C_e = \frac{C_0}{1+[(A/Q).(0{,}0038+0{,}000134.T).e^{(1{,}041+0{,}044.T).(pH-6{,}6))}]} \qquad (7.2)$$

- T ≥ 20ºC:

$$C_e = \frac{C_0}{1+[5{,}035x10^{-3}.(A/Q).\ e^{(1{,}540\ x\ (pH-6{,}6))}]} \qquad (7.3)$$

Remoção de nitrogênio (WPCF, 1990; Crites e Tchobanoglous, 2000):

- Lagoas facultativas com regime hidráulico mais próximo ao fluxo em pistão:

$$C_e = C_o . e^{\{-K.[t+60,6x(pH-6,6]\}} \qquad (7.4)$$

$K = 0,0064x1,039^{(T-20)}$

- Lagoas facultativas com regime hidráulico mais próximo à mistura completa:

$$C_e = \frac{C_o}{1 + t.(0,000576T - 0,00028).e^{(1,08 - 0,042 \times T).(pH - 6,6)}]} \qquad (7.5)$$

onde:

C_o = concentração afluente (mg/l)
C_e = concentração efluente (mg/l)
Q = vazão afluente (m^3/d)
A = área superficial da lagoa (m^2)
T = temperatura do líquido (°C)
pH = pH na lagoa
t = tempo de detenção hidráulica na lagoa (d)
K = coeficiente de remoção (d^{-1})

A equação apropriada deve ser aplicada seqüencialmente em cada lagoa da série, de forma a conduzir ao valor da concentração no efluente final.

As Equações 7.2 e 7.3 não conduzem a uma solução contínua para temperaturas inferiores e superiores a 20°C. A utilização da Equação 7.2 para valores de T próximos a 20°C conduz a valores da concentração efluente inferiores aos da Equação 7.3. Com relação à Equação 7.5, observa-se que esta é pouco sensível a variações nos valores de pH e T.

A utilização das equações acima pressupõe o conhecimento do valor de pH, variável esta que não é conhecida, de antemão, na fase de projeto. As referências acima apresentam ainda a seguinte equação, que pode ser utilizada para a estimativa do pH na lagoa, em função da alcalinidade no esgoto afluente:

$$pH = 7,3 \ e^{(0,0005.alc)} \qquad (7.6)$$

onde:

alc = alcalinidade no esgoto afluente ($mgCaCO_3$/l)

No entanto, a Equação 7.6 não leva em consideração a profundidade da lagoa. Sabe-se (Cavalcanti et al, 2001) que, quanto menor a profundidade da lagoa, maiores serão a penetração da energia luminosa ao longo da coluna d'água, a atividade fotossintética, o consumo da acidez carbônica e a elevação no pH. Em lagoas de maturação, poderão ser atingidos valores de pH bem superiores aos previstos pela Equação 5.

Os Quadros 7.1 e 7.2 e as Figuras 7.1 e 7.2 apresentam as eficiências de remoção de amônia e nitrogênio, respectivamente, baseados na utilização das Equações 7.3 e 7.4, para uma temperatura de 20° C. Para uma temperatura de 25° C, a Equação 7.3 conduz às mesmas eficiências na remoção de amônia, ao passo que a Equação 7.4 aumenta a eficiência de remoção de nitrogênio entre 3 e 7%, comparado com a temperatura de 20° C.

Quadro 7.1. Eficiência de remoção de amônia em função da Taxa de Aplicação Hidráulica (Q/A) e do pH ($T \geq 20^{o}$ C)

Q/A ($m^3/m^2.d$)	Eficiência na remoção de amônia (%)				
	pH = 7,0	pH = 7,5	pH = 8,0	pH = 8,5	pH = 9,0
0,025	27	45	63	79	89
0,050	16	29	47	65	80
0,075	11	21	37	56	73
0,100	9	17	30	48	67
0,125	7	14	26	43	62
0,150	6	12	22	39	57

Eficiência de remoção calculada segundo a Equação 7.3

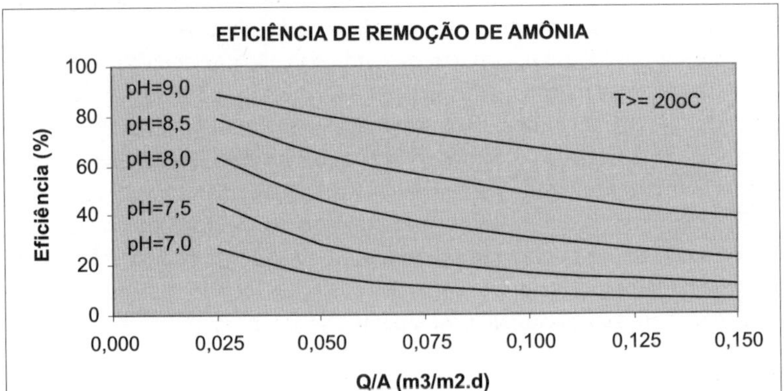

Fig.7. 1. Eficiência de remoção de amônia em função da Taxa de Aplicação Hidráulica (Q/A) e do pH ($T \geq 20^{o}$ C)

Quadro 7.2. Eficiência de remoção de nitrogênio em função do tempo de detenção hidráulica (t) e do pH (T = 20º C)

t (d)	Eficiência na remoção de nitrogênio (%)				
	pH = 7,0	pH = 7,5	pH = 8,0	pH = 8,5	pH = 9,0
3	16	31	43	53	61
5	17	32	44	54	62
10	20	34	46	55	63
15	22	36	47	57	64
20	25	38	49	58	65
30	29	42	52	61	67
40	34	45	55	63	69

Eficiência de remoção calculada segundo a Equação 7.4

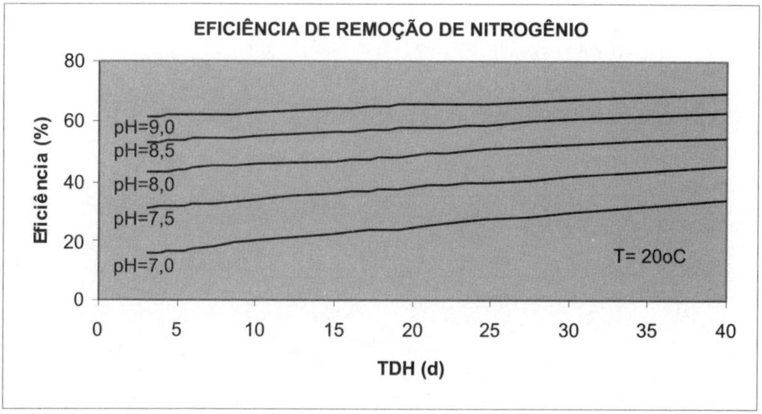

Fig. 7.2. Eficiência de remoção de nitrogênio em função do tempo de detenção hidráulica (t) e do pH (T = 20º C)

Exemplo 7.1

Estimar a remoção de amônia e nitrogênio na lagoa facultativa do Exemplo 2.3, cujos dados são:

Vazão afluente: $Q = 3.000\ m^3/d$
Área superficial: $A = 48.000\ m^2$
Tempo de detenção hidráulica: $t = 28,8\ d$
Temperatura: T= 23 ºC (líquido no mês mais frio)

Os dados assumidos para o afluente são:

Amônia = 30 mg/l
Nitrogênio total = 45 mg/l
Alcalinidade: 150 mg/l

Solução:

a) Remoção de amônia

Relação A/Q (inverso da taxa de aplicação hidráulica): A/Q = (48.000 m^2) / (3.000 m^3/d) = 16 d/m

(taxa de aplicação hidráulica Q/A = 1/16 = 0,0625 $m^3/m^2.d$)

pH na lagoa (Equação 7.6):

$$pH = 7{,}3\ e^{(0{,}0005.alc)} = 7{,}3\ .\ e^{(0{,}0005 \times 150)} = 7{,}87$$

Concentração efluente de amônia (Equação 7.3):

$$C_e = \frac{C_o}{1 + [5{,}035 \mathrm{x} 10^{-3}.(A/Q).\ e^{(1{,}540 \times (pH-6{,}6))}]} =$$

$$= \frac{30}{1 + [5{,}035 \mathrm{x} 10^{-3}. \times 16 \times\ e^{(1{,}540 \times (7{,}87-6{,}6))}]} = 19{,}1 \text{ mg/l}$$

Eficiência de remoção de amônia:

$$E = 100x(C_o-C_e)/C_o = 100x(30-19{,}1)/30 = 36\%$$

Esta eficiência está, naturalmente, de acordo com o Quadro 7.1 e a Figura 7.1.

Os cálculos acima levaram em consideração apenas a amônia presente no esgoto bruto, sem considerar o fato de que grande parte do nitrogênio orgânico será convertido a amônia, na própria lagoa.

b) Remoção de nitrogênio

Coeficiente K:

$$K = 0{,}0064x1{,}039^{(T-20)} = 0{,}0064 \times 1{,}039^{(23-20)} = 0{,}0072\ d^{-1}$$

Concentração efluente de nitrogênio (Equação 7.4):

$C_e = C_o \cdot e^{\{-K \cdot [t + 60,6 \times (pH-6,6)]\}} = 45 \times e^{\{-0,0072 \cdot [28,8 + 60,6 \times (7,87-6,6)]\}} = 21,0\ mg/l$

Eficiência de remoção de nitrogênio:

$E = 100x(C_o\text{-}C_e)/C_o = 100x(45\text{-}21,0)/45 = 53\%$

Esta eficiência está de acordo com o Quadro 7.2 e a Figura 7.2.

7.2. REMOÇÃO DE FÓSFORO

O fósforo presente nos esgotos é composto de fósforo orgânico e fosfatos, sendo que os últimos representam a maioria. Os principais mecanismos de remoção de fósforo em lagoas de estabilização são (Arceivala, 1981; van Haandel e Lettinga, 1994):

- retirada do *fósforo orgânico* contido nas algas e bactérias através de saída com o efluente final
- precipitação de *fosfatos* em condições de elevado pH

O fósforo orgânico compõe parte do material celular das algas. Em peso seco, o fósforo corresponde a valores em torno de 1,0 % da massa das algas (Arceivala, 1981). Portanto, assumindo-se uma concentração de 80 mg/l de algas no efluente, a perda de fósforo será em torno de $0,01x80 \approx 0,8$ mgP/l. Admitindo-se uma concentração de fósforo no afluente ao redor de 8 mgP/l, o percentual de remoção através de perda com o efluente final situa-se apenas em torno de 10%.

Remoções de fósforo mais significativas podem ocorrer através da precipitação dos fosfatos em condições de pH elevado. O fosfato pode precipitar-se na forma de hidroxiapatita ou estruvita. Valem aqui as mesmas considerações efetuadas no Item 7.1, em que foi ressaltada a vinculação entre lagoas rasas e elevados valores de pH. No caso da remoção de fósforo, a dependência de altos valores de pH é maior que com o nitrogênio: o pH deve ser no mínimo 9 para que haja uma precipitação significativa de fósforo. Em lagoas especialmente rasas e com baixas taxas de aplicação hidráulica, a remoção de fósforo situa-se entre 60 e 80% (Cavalcanti et al, 2001), ao passo que em lagoas facultativas e aeradas, a eficiência de remoção usualmente é inferior a 35%.

CAPÍTULO 8

Lagoas de estabilização como pós-tratamento de efluentes de reatores anaeróbios

Os sistemas anaeróbios de tratamento de esgotos cresceram em popularidade e alcance em países de clima quente, como o Brasil. Dentre estes processos, destaca-se o reator anaeróbio de manta de lodo e fluxo ascendente (reator UASB). Os reatores anaeróbios atingem uma boa eficiência na remoção de DBO (em torno de 60 a 80%), considerando-se os baixos tempos de detenção, a simplicidade do processo e a inexistência de equipamentos, como aeradores. No entanto, esta eficiência é na maior parte das vezes insuficiente, trazendo a necessidade de um pós-tratamento para o efluente anaeróbio. O pós-tratamento pode objetivar alguns dos seguintes itens:

- remoção adicional de DBO
- remoção de nutrientes
- remoção de organismos patogênicos

Uma alternativa de pós-tratamento bastante atraente é representada pelas lagoas de estabilização, pelo fato de se manter em todo o sistema a simplicidade conceitual já assumida para os reatores anaeróbios. Esta linha de se combinar reatores anaeróbios de manta de lodo com lagoas de estabilização afigura-se como de aplicabilidade extremamente ampla para países em desenvolvimento e com clima quente.

As lagoas não mecanizadas que recebem o efluente de reatores anaeróbios têm sido designadas de **lagoas de polimento**, para diferençar das concepções clássicas das lagoas facultativas e de maturação.

Catunda et al (1994) e Cavalcanti et al (2001) argumentam que, devido à remoção de DBO que ocorre nos reatores anaeróbios, *o efluente anaeróbio pode ser lançado diretamente em lagoas de polimento em série ou com chicanas*, sem problemas de sobrecarga orgânica na primeira lagoa da série ou no compartimento inicial da lagoa chicaneada. Estas configurações de lagoas otimizam a remoção de coliformes, como comentado no Capítulo 6. Portanto, as evidências atualmente disponíveis sugerem que as lagoas de polimento não necessitam ser dimensionadas como lagoas facultativas clássicas, mas sim como lagoas de maturação (utilizando-se os critérios de projeto de lagoas de maturação, com relação a configuração geométrica, tempo de detenção e profundidade – ver Capítulo 6).

A Figura 8.1 apresenta uma comparação entre as configurações clássicas de lagoas e a recente abordagem de reator UASB seguido por lagoas de polimento. Uma vantagem substancial da utilização dos reatores UASB relaciona-se à economia global nos requisitos de área.

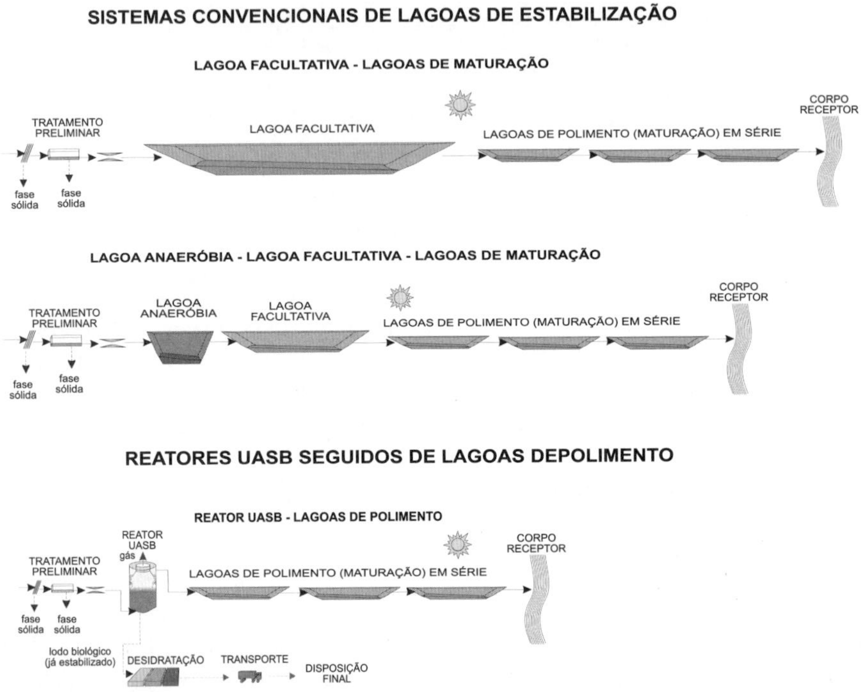

Fig. 8.1. Comparação entre concepções clássicas de lagoas de estabilização e a concepção mais recente (reator UASB seguido por lagoas de polimento)

a) Remoção adicional de DBO

Com relação à remoção adicional de DBO do efluente anaeróbio, as lagoas facultativas ou lagoas aeradas podem cumprir bem o papel. A primeira alternativa é a mais atraente, por permitir um sistema sem mecanização, e com baixíssima quantidade de lodo a tratar. O dimensionamento das lagoas passa a ser para uma carga em torno de 20% a 40% da carga do esgoto bruto. A economia de área é substancial, podendo viabilizar a implantação de lagoas em locais em que se pensaria em adotar sistemas mecanizados, de forma a se obter soluções mais compactas. Também nos casos em que o movimento de terra associado à implantação de um sistema de lagoas convencional for excessivo, a inclusão de uma unidade compacta como o reator anaeróbio pode contribuir para uma sensível redução nos custos de construção.

Sistemas funcionando com esta configuração têm apresentado as seguintes características (Cavalcanti et al, 2001):

- ausência de problemas de maus odores nas lagoas (mesmo em condições de elevada carga orgânica)
- baixa acumulação de lodo nas lagoas
- possibilidade da utilização de lagoas em série ou chicaneadas (sem problemas de sobrecarga orgânica na primeira lagoa da série ou no primeiro compartimento da lagoa chicaneada)

Os coeficientes de remoção de DBO (K) são ligeiramente inferiores aos de lagoas facultativas primárias, pelo fato das lagoas de estabilização estarem recebendo um afluente já parcialmente tratado, em que a matéria orgânica de degradação mais fácil já foi toda removida. No entanto, os coeficientes são similares aos de lagoas facultativas secundárias, após lagoas anaeróbias.

b) Remoção de nutrientes

Os sistemas de tratamento anaeróbio praticamente não removem nutrientes. Caso se necessite de elevadas eficiências de remoção de nutrientes, deve-se ter em mente que as lagoas de estabilização (facultativas e aeradas) não são também particularmente eficientes na remoção de N e P. No entanto, as lagoas de polimento podem cumprir bem este papel adicional, possibilitando principalmente a volatilização da amônia e a precipitação dos fosfatos (ver Capítulo 7).

A remoção de amônia e fosfatos é maior em lagoas de polimento com baixas profundidades (inferiores a 1,0 m). Nestas lagoas, a massa líquida tende a se apresentar com elevados valores de pH, em decorrência da fotossíntese intensa que ocorre em todo o volume da lagoa. Os elevados valores de pH propiciam a volatilização da amônia e a precipitação dos fosfatos.

c) Remoção de organismos patogênicos

Devido aos baixos tempos de detenção nos reatores anaeróbios (da ordem de horas), a remoção de organismos patogênicos é baixa nestas unidades (em torno de 1 unidade logarítmica para coliformes). Neste sentido, as lagoas de estabilização, e principalmente as lagoas de maturação, podem contribuir substancialmente para uma elevada remoção. No contexto do pós-tratamento de efluentes anaeróbios, as lagoas de polimento exercem bem este papel, sendo esta uma de suas principais finalidades.

Os coeficientes de remoção bacteriana K_b são da mesma ordem de grandeza (ou talvez um pouco mais elevados, devido ao afluente mais clarificado) daqueles obtidos para lagoas facultativas e de maturação. A Figura 8.2 apresenta os valores de K_b (fluxo disperso) obtidos em 12 lagoas de polimento (31 dados) em 5 diferentes sistemas

UASB – lagoas de polimento no Brasil. A Equação 6.15 ($K_b = 0,542.H^{-1,259}$), baseada em 82 lagoas facultativas e de maturação no mundo, é também plotada, mostrando um bom ajuste aos dados.

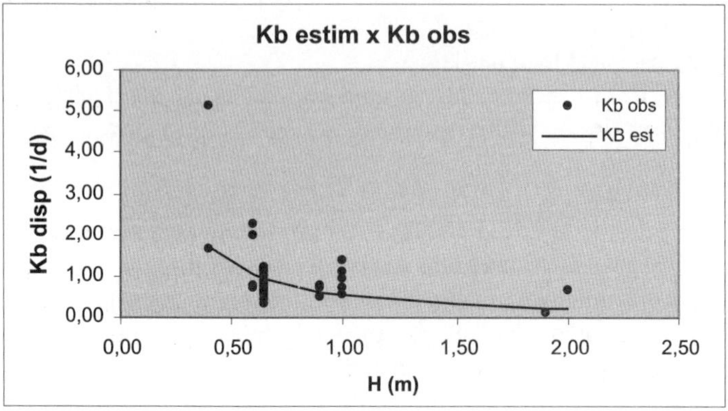

Fig. 8.2. Valores do coeficiente K_b (fluxo disperso) obtidos em 12 lagoas de polimento no Brasil, juntamente com a equação $K_b = 0,542.H^{-1,259}$, baseada em lagoas facultativas e de maturação no mundo

Com relação à remoção de ovos de helmintos, as lagoas de polimento têm se mostrado também eficientes, de forma similar às lagoas de maturação, devendo gerar efluentes com médias aritméticas inferiores a 1 ovo de helminto por litro, e, na grande maioria das amostras, concentrações nulas.

CAPÍTULO 9

Aeração do efluente em escadas ou quedas d´água

O efluente de lagoas facultativas e de maturação que funcionam de forma satisfatória usualmente contém teores elevados de oxigênio dissolvido. No caso de se ter elevadas concentrações de algas, durante o dia pode-se ter, inclusive, concentrações superiores à concentração de saturação. As algas produzem oxigênio puro (100% oxigênio), diferentemente do ar atmosférico, que contém apenas cerca de 21% de oxigênio (a pressão parcial do oxigênio atmosférico é 21% da pressão atmosférica total). No entanto, durante a noite os teores de OD tendem a decrescer, podendo atingir valores baixos, no caso das lagoas estarem sobrecarregadas.

No caso de lagoas aeradas, os teores de OD são função do balanço entre a demanda de oxigênio e a capacidade de aeração provida pelos aeradores. No entanto, os valores são usualmente bem inferiores à saturação.

Em alguns casos, pode ser interessante se aumentar os teores de OD do efluente, visando a se atingir maiores concentrações no corpo d'água, no ponto de mistura efluente-rio. Para tanto, um processo bastante simples e usado em algumas lagoas é o da **aeração por gravidade**.

A aeração por gravidade ocorre em vertedores ou em degraus de escadas de aeração. Efluentes de diversos processos de tratamento de esgotos podem se beneficiar de um certo acréscimo na concentração de OD. No entanto, deve-se lembrar que a aeração é um processo de transferência de gases: *efluentes anaeróbios* submetidos à aeração por gravidade tenderão a desprender H_2S, causando problemas de maus odores e corrosão.

O texto a seguir, baseado em von Sperling (1983) e Pöpel (1979) descreve os fundamentos e a aplicação da aeração por gravidade.

O princípio da aeração por gravidade é a utilização da energia potencial da água para criar interfaces de exposição para uma eficiente transferência de gases. Quando a água passa da crista do vertedor ou queda d'água, dois diferentes mecanismos de transferência de gases podem ocorrer

- exposição da água ao ar circundante
- exposição do ar à massa d'água

O primeiro mecanismo relaciona-se com a *exposição da água ao ar circundante*, a qual ocorre durante a queda livre. Conhecendo-se a altura de queda H, pode-se estimar o tempo médio de exposição ao ar $[t=(2H/g)^{0,5}]$, o que permite a avaliação dos coeficientes de transferência gasosa. A configuração da crista da queda d'água tem influência na aeração, pois a subdivisão do fluxo em vários jatos aumenta a área de contato ar-água, proporcionando um acréscimo na eficiência da operação de transferência gasosa.

O segundo mecanismo diz respeito à *exposição do ar à massa d'água*, exatamente o inverso do primeiro fenômeno. Sua ocorrência é devida à submersão do fluxo na massa líquida situada na base da queda d'água, fazendo com que significativas quantidades de ar sejam absorvidas. O ar incorporado é então disperso na forma de bolhas pela massa líquida, gerando uma intensa transferência de gases.

A quantidade de ar absorvido no segundo mecanismo depende primariamente da velocidade $[v=(2gH)^{0,5}]$ do jato ao passar pela superfície da massa d'água de jusante. Consequentemente, a transferência gasosa é substancialmente determinada pela altura da queda, de uma forma muito mais significativa que no primeiro mecanismo mencionado.

Além disso, a profundidade da água receptora influencia a quantidade de gás transferido: quanto mais profundamente o jato puder submergir na massa d'água, maior a área superficial específica e o tempo de contato entre as bolhas e a água. Para uma utilização ótima desse efeito, a profundidade deve ser tal que a velocidade final dos jatos antes de atingir o fundo seja igual à velocidade de ascensão das bolhas produzidas.

Generalizando, pode-se dizer que o primeiro mecanismo é eficiente para o desprendimento de gases e o segundo, para a absorção destes. Assim, por exemplo, o gás sulfídrico tem melhores condições de desprendimento durante a fase de queda livre, ao passo que o oxigênio é em sua maior parte absorvido após a submersão do fluxo na massa d'água de jusante. Em resumo:

- *água circundada por ar*: desprendimento de gases
- *ar circundado por água*: absorção de gases

Uma grande parte da absorção de oxigênio é também causada pelo choque dos jatos d'água contra obstáculos, permitindo a subdivisão da massa líquida em queda, aumentando, por conseguinte, a área de exposição. Ademais, se a água não cair livremente, mas descer aderida à face da queda d'água ou escada, a reaeração reduz-se bastante.

A concentração de oxigênio efluente (jusante) pode ser estimada com base no conhecimento de um coeficiente de transferência de gases, denominado, no caso da aeração por gravidade, de **coeficiente de eficiência** (**K**). Tendo-se o valor de K para a queda d'água em questão, a concentração efluente pode ser estimada para distintas condições de concentrações afluente e de saturação:

$$C_e = C_o + K.(C_s - C_o) \tag{9.1}$$

onde:

C_o = concentração afluente (montante) de oxigênio (mg/l)
C_e = concentração efluente (jusante) de oxigênio (mg/l)
C_s = concentração de saturação de oxigênio (mg/l)
K = coeficiente de eficiência (adimensional)

O coeficiente K é específico e constante para cada sistema de aeração (no caso, cada queda d'água), desde que determinadas condições, como a vazão afluente, permaneçam constantes. Em uma queda d'água existente, o coeficiente K pode ser obtido por meio de rearranjo da Equação 9.1:

$$K = \frac{C_e - C_o}{C_s - C_o} \quad (9.2)$$

A representação gráfica conceitual da Equação 9.1 encontra-se na Figura 9.1. Na figura, obtém-se o valor de C_e a partir do coeficiente K e das concentrações C_o e C_s. A figura ressalta a grande influência do déficit de oxigênio (C_s-C_o) no acréscimo da concentração de oxigênio. Para o caso em que C_o=0, o acréscimo na concentração de oxigênio será C_e-C_o=K.C_s. Portanto, o coeficiente K estabelece a fração da concentração de saturação que será ganha ao se aerar uma água totalmente livre de oxigênio. K é sempre menor que a unidade. Observa-se também que, quanto maior a concentração afluente C_o (mais próxima de C_s), menor será o déficit de oxigênio e, portanto, menor será o acréscimo da concentração de oxigênio (C_e-C_o). Este pode ser o caso de efluentes de lagoas facultativas e de maturação que contenham teores elevados de OD.

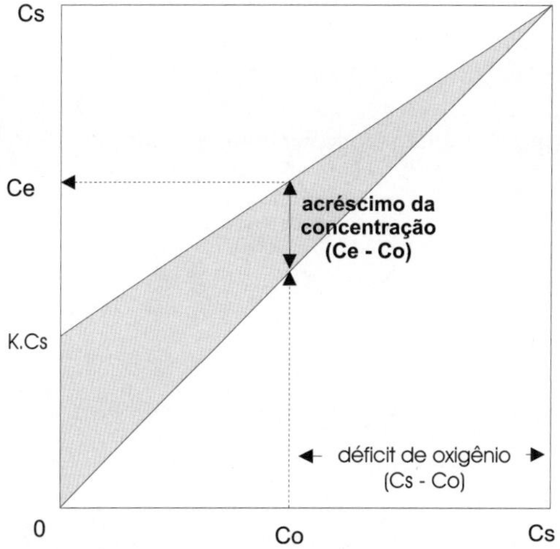

Fig. 9.1. Estimativa do ganho de OD na aeração por gravidade

A literatura registra algumas fórmulas empíricas para a determinação de K em função da altura de queda (cada degrau) e de outras condições (Quadro 9.1).

Quadro 9.1. Fórmulas para determinação do coeficiente de eficiência K para aeração por gravidade em vertedores e degraus

Autor	Coeficiente K	Coeficientes da equação
Barret, Gameson e Ogden	K = P.(1+0,046.T).H	P=0,45 (água limpa) P=0,36 (água poluída) P=0,29 (esgoto)
Kroon e Schram	K=R.H	R = 0,40 R=0,64 (no caso de vertedores com mais de 4 jatos por metro linear, e quedas inferiores a 0,70 m)
Pomeroy	$K=1-e^{-F.H}$	$F=0{,}53\ m^{-1}$ (água limpa sobre vertedores e comportas) $F=0{,}41\ m^{-1}$ (água ligeiramente poluída, em vertedores) $F=0{,}28\ m^{-1}$ (efluentes de tratamento, em vertedores)

Fonte: von Sperling (1983)
H = altura de cada queda livre (m)
T = temperatura do líquido (°C)

A Equação 9.1 se aplica a *cada degrau da escada* ou nível da queda d'água. Para um sistema composto de várias quedas livres (ex: degraus), a determinação do K global da escada ou sistema equivalente, a partir do K de cada degrau, é dada por:

$$K = 1 - [\ (1-K_1)\ .\ (1-K_2)\ ....\ (1-K_n)\ ] \qquad (9.3)$$

onde:
K_1 = coeficiente de eficiência da primeira queda livre
K_2 = coeficiente de eficiência da segunda queda livre
K_n = coeficiente de eficiência da enésima queda livre
K = coeficiente de eficiência global do sistema

No caso freqüente em que os degraus tenham a mesma altura, a Equação 9.3 se simplifica para:

$$\boxed{K = 1 - (1-K_1)^n} \qquad (9.4)$$

onde:
n = número de quedas livres iguais entre si, componentes do sistema de aeração

Exemplo 9.1

Estimar a concentração efluente de um sistema de escadas de aeração, sendo dados:

- *Concentração afluente à escada de aeração (efluente da lagoa):* $C_o = 3{,}0$ *mg/l*
- *Concentração de saturação:* $C_s = 8{,}5$ *mg/l*
- $T = 20^o$ *C*
- *Altura de cada degrau:* $H = 0{,}30$ *m*
- *Número de degraus:* $n=5$

Solução:

a)Determinação do coeficiente K para cada degrau

Por meio das fórmulas do Quadro 9.1, tem-se:

- *Barret, Gameson e Ogden*
  Com P=0,33 (adotado), T=20º C e H=0,30m:
  $K = P.(1+0{,}046.T).H = 0{,}33x(1+0{,}046x20)x0{,}30 = 0{,}19$

- *Kroon e Schram*
  Com R=0,40 (adotado) e H=0,30m:
  $K = 0{,}40x0{,}30 = 0{,}12$

- *Pomeroy*
  Com F=0,32 (adotado) e H=0,30m:
  $K=1-e^{-F.H} = 1-e^{-0{,}32x0{,}30} = 0{,}09$

Adotar um valor intermediário, tal como: K = 0,13.

b)Determinação do coeficiente K global da escada de aeração

Como os degraus são iguais, utiliza-se a Equação 9.4, com n=5 degraus:

$K = 1 - (1-K_1)^n = 1 - (1-0{,}13)^5 = 0{,}50$

c)Determinação da concentração de OD efluente

Por meio da Equação 9.1, tem-se:

$C_e = C_o + K.(C_s - C_o) = 3{,}0 + 0{,}50x(8{,}5-3{,}0) = 5{,}8$ *mg/l*

Houve, portanto, um acréscimo de OD de 2,8 mg/l, sendo que a concentração passou de 3,0 mg/l para 5,8 mg/l.

d) Cálculo do ganho de OD caso a concentração de OD afluente fosse de 1,0 mg/l e de 5,0 mg/l

Para C_o=1,0 mg/l:
$C_e = C_o + K.(C_s - C_o) = 1,0 + 0,50x(8,5-1,0) = 4,8$ *mg/l (ganho de 3,8 mg/l)*

Para C_o=5,0 mg/l:
$C_e = C_o + K.(C_s - C_o) = 5,0 + 0,50x(8,5-5,0) = 6,8$ *mg/l (ganho de 1,8 mg/l)*

A influência da concentração afluente, ou seja, do déficit de OD, fica patente por estes cálculos.

e) Comentários

Pode-se otimizar o ganho de OD tentando-se diferentes combinações de números de degraus e altura individual de cada degrau, dentro da altura total disponível para se alocar a escada de aeração.

CAPÍTULO 10

Aspectos construtivos

10.1. INTRODUÇÃO

O sucesso operacional das lagoas de estabilização depende, não apenas dos elementos de processo discutidos nos capítulos anteriores, mas também do detalhamento do projeto e dos aspectos construtivos. Em nível mais amplo, os aspectos associados ao movimento de terra são de fundamental importância, e terão influência decisiva na economicidade da estação. Em nível mais específico, os diversos detalhes de entrada e saída e interconexão entre unidades são também bastante importantes, por terem um impacto direto no comportamento hidráulico das lagoas. Os aspectos de detalhamento devem ser previstos também sob a ótica das necessidades do operador, de forma a tornar a rotina operacional da estação a mais simples e fácil possível.

O presente texto não objetiva aprofundar-se nos aspectos de detalhamento. Na literatura nacional, Jordão e Pessoa (1995) devem ser consultados com esta finalidade, pois apresentam com bastante critério e suficiente grau de aprofundamento os vários elementos de projeto e construção de lagoas. Os tópicos a seguir ressaltam apenas os aspectos mais importantes, para os quais os projetistas e responsáveis pela obra devem ter uma atenção especial.

10.2. LOCAÇÃO DAS LAGOAS

Os principais aspectos que devem ser analisados ao se selecionar a área para a futura lagoa estão apresentados no Quadro 10.1 (Arceivala, 1981; Silva, 1993).

Quadro 10.1. Aspectos relativos à locação das lagoas

Aspecto	Comentário
Disponibilidade de área	A disponibilidade de área pode conduzir à seleção do tipo de lagoa a ser adotado
Localização da área em relação ao local de geração dos esgotos	A maior proximidade reduz os custos de transporte dos esgotos
Localização da área em relação ao corpo receptor	A maior proximidade reduz os custos de transporte dos esgotos tratados ao local de destinação final
Localização da área em relação às residências mais próximas	As lagoas anaeróbias necessitam de um afastamento mínimo em torno de 500 m das residências mais próximas, em função da possibilidade de maus odores; as outras lagoas podem ter afastamentos mais reduzidos
Cotas de inundação	Deve-se verificar se o terreno é inundável, e a que nível chegam as inundações, para a definição da altura dos taludes
Nível do lençol freático	O nível do lençol freático pode determinar o nível de assentamento das lagoas e a necessidade de impermeabilização do fundo
Topografia da área	A topografia da área tem grande influência no movimento de terra e, em outras palavras, no custo da obra; topografias pouco íngremes são preferidas
Forma da área	A forma da área influencia o arranjo das diversas unidades em planta; pode-se aproveitar as curvas de nível, desde que de forma suave, evitando-se a criação de zonas mortas
Características do solo	O tipo de solo tem grande influência no planejamento da compensação entre o corte e o aterro, na necessidade de material de empréstimo, na inclinação dos taludes, nos custos da obra (ex: pedras) e na necessidade de impermeabilização do fundo
Ventos	A localização da lagoa deve permitir o livre acesso do vento, o qual é importante para se garantir uma mistura suave na lagoa
Condições de acesso	O acesso das equipes de obra e das futuras equipes de operação e manutenção não deve ser difícil
Facilidades de aquisição do terreno	Dificuldades na desapropriação de áreas podem ser um elemento de inviabilização da locação da lagoa na área pretendida
Custo do terreno	Em áreas urbanas ou próximas a áreas urbanas ou de algum elemento de importância o custo do terreno pode ser bastante elevado, conduzindo à necessidade de se adotar soluções mais compactas

O atendimento simultâneo aos diversos critérios é usualmente bastante difícil, devendo ser dada prioridade, em cada caso, aos fatores de maior importância que devem ser observados segundo a realidade local.

Com relação ao posicionamento da lagoa no terreno, um grande esforço deve ser feito, na etapa de projeto, no sentido de se minimizar o movimento de terra, tendo por base a topografia e a geologia locais. Um outro fator de influência na locação diz respeito aos ventos predominantes. De forma a permitir uma suave mistura pelo vento, *a dimensão mais longa da lagoa deve estar na direção dos ventos predominantes*. Caso a direção dos ventos varie sazonalmente, prioridade deve ser dada à direção do vento no período quente, ocasião em que a estratificação térmica é maior. Para reduzir os curtos-circuitos hidráulicos, *a direção do vento deve ser da saída para a entrada da lagoa* (Mara et al, 1992) (Fig. 10.1).

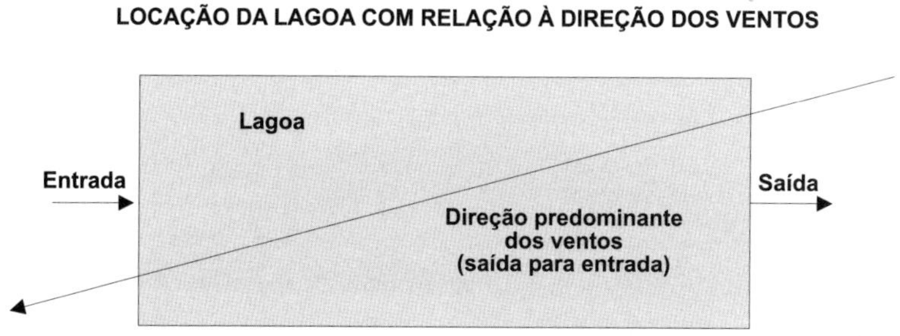

Fig. 10.1. Locação da lagoa com relação à direção dos ventos predominantes

10.3. DESMATAMENTO, LIMPEZA E ESCAVAÇÃO DO TERRENO

O desmatamento compreende a derrubada e o desenraizamento das árvores existentes na área a ser ocupada pela lagoa e vias de acesso (Silva, 1993). O material removido deverá ser afastado do local da obra. A derrubada das árvores deve ser aprovada pelo órgão ambiental.

Depois de efetuada a derrubada das árvores, é feito o destocamento e a remoção dos vegetais de pequeno porte, os quais são na maioria das vezes queimados no próprio local. Através de máquinas tipo motoniveladoras é feita a raspagem superficial do terreno, até ter-se a área em terra pura (Silva, 1993).

Na escavação da lagoa, pode-se ter duas situações distintas (Silva, 1993):

- *Material escavado aproveitável.* Esta é a situação desejável, na qual se procura balancear os volumes dos cortes com os volumes dos aterros (diques), de maneira a minimizar o movimento de terra. Grande parte da viabilidade econômica de uma lagoa de estabilização está associada às possibilidades da minimização dos movimentos de terra. A compactação do fundo e dos diques deverá ser feita em camadas sucessivas de terra, com controle de umidade e adensamento.
- *Material escavado inaproveitável.* Tal é o caso de terrenos com muita matéria orgânica (turfa) ou muito arenosos. Nestas condições, o material removido pela escavação não pode ser aproveitado na construção dos diques, devendo ser afastado do local. Para os aterros devem ser utilizados empréstimos de terra de boa qualidade existentes próximos ao local. Após terminada a escavação, é necessária uma escarificação do fundo da lagoa e dos taludes, de forma a se obter uma ligação íntima do solo com o material utilizado.

10.4. TALUDES

Os diques da lagoa são formados pelos taludes internos (em contato com o líquido da lagoa) e pelos taludes externos. Os aspectos listados no Quadro 10.2 são importantes na construção dos taludes (Silva, 1993; Jordão e Pessôa, 1995). A Figura 10.2 lista os principais elementos integrantes de um dique de lagoas.

Fig. 10.2. Elementos integrantes de um dique de lagoas

Quadro 10.2. Aspectos construtivos dos taludes

Item	Comentário
Inclinação do talude interno	• Inclinação usual: 1:2 a 1:3 • Inclinação mínima: 1:6 (vert/horiz) (evitar áreas com pouco profundidade, possibilitando crescimento de vegetais) • Inclinação máxima: 1:2 (função da estabilidade do terreno) • Terrenos argilosos: inclinação superior a 1:2 • Terrenos arenosos: inclinação entre 1:3 a 1:6
Inclinação do talude externo	• Inclinação usual: 1:1,5 a 1:2 • Terrenos argilosos: inclinação superior a 1:2,5 • Terrenos arenosos: inclinação entre 1:5 a 1:8
Coroamento do talude (pista na crista do talude)	• Largura superior a 1,5 m; usualmente entre 2,0 e 4,0 m. Esta dimensão deve permitir a movimentação das máquinas durante a construção, o tráfego das equipes de manutenção e operação e a possibilidade de acréscimo da altura do dique, se necessário.
Borda livre	• Pequenas lagoas (< 1 ha de área): adotar 0,5 m • Lagoas entre 1 ha e 3 ha: 0,5 a 1,0 m • Lagoas maiores: $borda\ livre = [\log(\text{área lagoa})]^{0,5} - 1$ (área em m^2) • Finalidades: segurança contra aumento do nível d'água além das condições de projeto (obstrução da saída, efeito de ventos fortes, nova concepção de projeto) e segurança contra recalque do terreno devido ao eventual afundamento do próprio dique
Impermea-bilização	• Caso o material do dique seja extremamente permeável, pode ser necessária a impermeabilização do maciço do dique com argila, geomembranas, estacas-prancha ou lajes de concreto • Após compactação, o coeficiente de permeabilidade deve ser < 10^{-7} m/s
Proteção dos taludes internos	• Os taludes internos, no ponto de contato com o nível d'água, devem ser protegidos contra as ondas, erosão e crescimento de vegetais. • O crescimento de vegetação possibilita o desenvolvimento de mosquitos nas lagoas (ovos postos na água, na sombra causada pela vegetação). • Os tipos de proteção mais empregados são rip-rap (pedras com tamanho de 15 a 20 cm), laje de concreto (espessura entre 7 e 13 cm, levemente armada), placas de concreto, argamassa armada, pavimentação asfáltica ou geomembrana. • Proteções descontínuas (como pedras) possibilitam o crescimento de vegetação. • A proteção deve se estender por pelo menos 0,5 m acima e 0,5 m abaixo no nível d'água. • Acima da proteção, deve-se colocar grama ou brita no restante do talude.
Talude externo	• O talude externo deve ser gramado, de forma a proteger contra a erosão.

(continua)

Quadro 10.2. Aspectos construtivos dos taludes *(continuação)*

Item	Comentário
Cantos dos taludes	• As esquinas das lagoas devem ser ligeiramente arredondadas, visando facilitar a construção e a manutenção, e evitando pequenas zonas mortas.
Material dos taludes	• Os diques devem ser construídos de terra, de preferência do próprio terreno ocupado. • O material deve ser denso, fino, coeso e bem granulado. • A sua constituição deve ser de (a) terra limpa, isenta de pedras e matéria orgânica, e (b) de argila com um pouco de areia
Drenagem pluvial	• Em lagoas que possuam alguma lateral constituída por um talude natural (ex: morro), deve-se efetuar a drenagem pluvial através de canaletas paralelas a esta lateral, evitando a passagem da água pluvial por cima do talude.

Fonte: Mara et al (1992); Silva (1993), Jordão e Pessôa (1995)

As dimensões de comprimento e largura determinadas nos pré-dimensionamentos são a *meia profundidade*. As dimensões das lagoas no fundo, ao nível d'água e na crista do talude dependem da inclinação no talude externo. Admitindo-se que o talude interno tenha uma declividade de 1:d (vertical/horizontal), as referidas dimensões serão:

- comprimento no fundo = comprimento a meia altura - 2d.(H/2)
- comprimento no N.A. = comprimento a meia altura + 2d.(H/2)
- comprimento na crista do talude = comprimento no N.A. + 2d.(borda livre)

- largura no fundo = largura a meia altura - 2d.(H/2)
- largura no N.A. = largura a meia altura + 2d.(H/2)
- largura na crista do talude = largura no N.A. + 2d.(borda livre)

Exemplo 10.1

Calcular as dimensões totais de uma lagoa, que possui as seguintes dimensões, determinadas no pré-dimensionamento:

- *comprimento (a meia profundidade) = 100,00 m*
- *largura (a meia profundidade) = 30,00 m*
- *profundidade = 2,20 m*
- *borda livre = 0,60 m*
- *inclinação do talude interno = 1:2,5*

Solução:

De acordo com os conceitos e fórmulas acima, tem-se:

d = 2,5

• *comprimento no fundo = comprimento a meia altura - d.H = 100,00 – 2,5x2,20 = 94,50 m*
• *comprimento no N.A. = comprimento a meia altura + d.H = 100,0 + 2,5x2,20 = 105,50 m*
• *comprimento na crista do talude = comprimento no N.A. + 2d.(borda livre) = 105,50 + 2x2,5x0,60 = 108,50 m*
• *largura no fundo = largura a meia altura - d.H = 30,00 - 2,5x2,20 = 24,50 m*
• *largura no N.A. = largura a meia altura + d.H = 30,0 + 2,5x2,20 = 35,50 m*
• *largura na crista do talude = largura no N.A. + 2d.(borda livre) = 35,50 + 2x2,5x0,60 = 38,50 m*

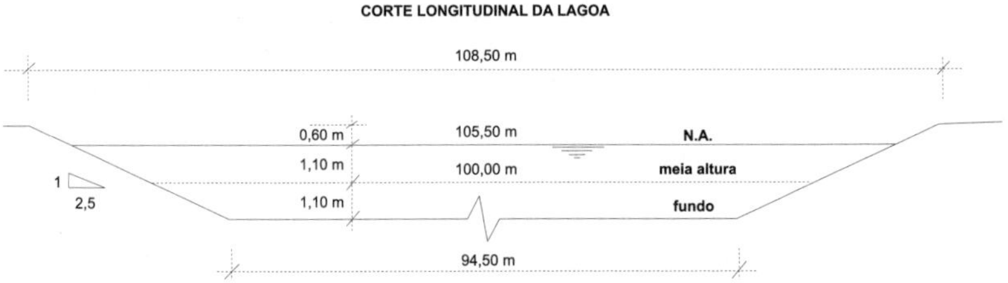

10.5. FUNDO DAS LAGOAS

O fundo das lagoas de estabilização não deve possuir uma permeabilidade excessiva, que possa causar um dos seguintes problemas:
• contaminação do lençol freático
• dificuldade na manutenção do nível do líquido nas lagoas

A permeabilidade do terreno e a possível interferência com o lençol freático devem ser objeto de estudos efetuados por meio de sondagens. Deve-se ter em mente que, com freqüência, os locais de possível implantação de estações de tratamento de esgotos se situam em brejos, áreas alagadiças ou com elevado nível do lençol freático. A permeabilidade do fundo tende a diminuir com o tempo, em função da colmatação ocasionada pelos sólidos do esgoto e pela biomassa. Segundo Arceivala (1981), em condições favoráveis, as perdas por infiltração são da ordem de menos de 10% da vazão da lagoa, e freqüentemente inferiores a 1%.

Mara et al (1992) propõem as seguintes interpretações do coeficiente de permeabilidade k:

- $k > 10^{-6}$ m/s: o solo é muito permeável e o fundo deve ser protegido
- $k > 10^{-7}$ m/s: alguma infiltração pode ocorrer, mas não o suficiente para impedir o enchimento da lagoa
- $k < 10^{-8}$ m/s: o fundo da lagoa se impermeabilizará naturalmente
- $k < 10^{-9}$ m/s: não há risco de contaminação
- $k > 10^{-9}$ m/s: se houver utilização da água subterrânea para abastecimento doméstico, estudos hidrogeológicos devem ser efetuados

A *redução da taxa de percolação* pode ser alcançada por meio de uma camada de argila homogênea bem compactada, com uma espessura da ordem de 5 a 10 cm. A *impermeabilização* do fundo pode ser realizada através de (Jordão e Pessôa, 1995):

- camada de argila, com espessura mínima de 40 cm
- revestimento asfáltico
- geomembranas plásticas

Naturalmente que a solução a ser adotada terá um grande impacto no custo total da lagoa, e na sua própria viabilidade econômica.

No caso de se adotar argila, após preparado o fundo, não se deve esperar muito tempo para o enchimento da lagoa (ainda que parcial, a 1/3 da altura), de forma a evitar ressecamento e trincas da camada de fundo.

Ao se estimar o volume requerido de argila, deve-se lembrar que a argila, após compactação, tem seu volume reduzido (empolamento). Desta forma, o volume de argila a ser eventualmente adquirido é igual ao volume da camada de fundo, corrigido com o fator de empolamento.

Nas lagoas aeradas, é necessária a colocação de uma placa de concreto abaixo de cada aerador, visando evitar problemas de erosão ocasionada pela turbulência gerada pelo aerador.

10.6. DISPOSITIVOS DE ENTRADA

O esgoto afluente deverá passar por um tratamento preliminar composto de:

- *Grade.* A grade deve ser de limpeza manual, para a maior parte das lagoas. Apenas em lagoas de grandes dimensões ou em situações especiais justifica-se a adoção de grades mecanizadas.
- *Caixa de areia.* Apesar da quantidade de areia ser relativamente pequena, comparada com todo o volume de lodo acumulado no fundo da lagoa, a areia tende a sedimentar próximo à entrada, podendo ocasionar problemas localizados. Como a caixa de areia se constitui numa unidade pequena e de fácil manutenção, recomenda-se a sua inclusão em todos os sistemas de lagoas.
- *Calha ou vertedor para medição da vazão.* A medição da vazão é fundamental para o controle operacional da lagoa. O medidor de vazão desempenha também a função de regular a velocidade na caixa de areia, caso esta seja do tipo mais

simples, de canais de seção retangular. Próximo ao local de medição da vazão é um local conveniente também para a coleta de amostras do afluente à lagoa.

A entrada do afluente na lagoa deve satisfazer às seguintes condições:

- garantir uma ampla homogeneização do líquido, evitando-se a ocorrência de curtos-circuitos hidráulicos e de zonas mortas
- ser submersa, de forma a não possibilitar o desprendimento de gases mal cheirosos
- evitar o solapamento dos taludes e do fundo da lagoa (para tanto, coloca-se uma placa de concreto, no fundo, no local de descarga da tubulação)

Com relação ao número de tubulações de entrada, há duas correntes na literatura. Uma advoga que a distribuição homogênea dos esgotos ao longo da largura da lagoa deve ser garantida através da colocação de um número suficiente de tubulações de entrada. Apenas em lagoas pequenas deve-se ter uma entrada única. Em lagoas maiores, deve-se ter duas, três ou mais entradas, espaçadas de no máximo 50 m entre si (ver Figura 10.3). A entrada não deve estar localizada em frente à saída da lagoa, mesmo que a longas distâncias, pois poderá ser facilitado o processo de curto circuito hidráulico.

Outra corrente (Mara et al, 1992) sugere, por simplicidade, entradas e saídas únicas em cada lagoa, situadas em extremidades diagonalmente opostas. A argumentação é de que poderá haver recalques diferenciais distintos nas estruturas de entrada e saída, alterando a distribuição relativa dos fluxos (Fig. 10.4).

Caso se deseje promover um regime de mistura na lagoa se aproximando ao de *mistura completa*, as tubulações devem avançar até *¼ a 1/3 do comprimento* da lagoa (Figura 10.4). Caso se deseje aproximar ao *fluxo em pistão*, a tubulação deve descarregar mais *próxima à lateral de entrada*. Deve-se relembrar que, para lagoas primárias, deve-se evitar condições de fluxo em pistão, que podem ocasionar sobrecarga orgânica próxima à entrada. No entanto, para lagoas de maturação, o regime de fluxo em pistão é amplamente mais vantajoso, e não há os problemas de sobrecarga na entrada.

As tubulações de entrada devem funcionar com uma velocidade média do líquido igual ou superior a 0,5 m/s (Silva, 1993).

Em lagoas mais profundas, há uma maior tendência à ocorrência de zonas mortas. Nestas lagoas, deve-se ter um grande cuidado com o projeto das entradas e saídas. Em lagoas anaeróbias, há indicações de que uma distribuição homogênea no fundo por meio de tubulações laterais perfuradas possa contribuir com um maior contato esgoto-biomassa, aumentando a eficiência da lagoa.

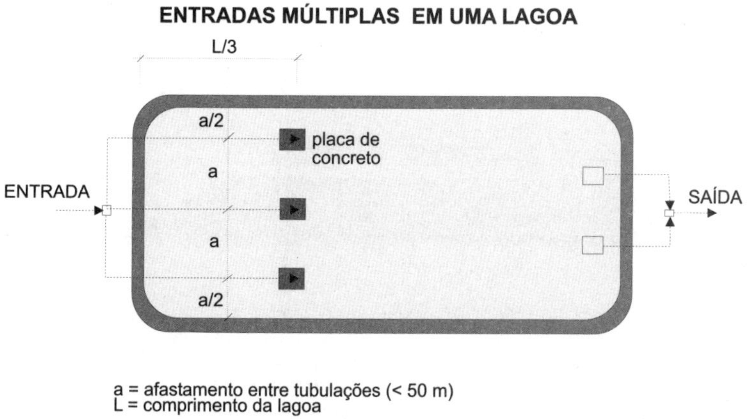

Fig. 10.3. Distribuição das tubulações de entrada em uma lagoa. Alternativa de entradas e saídas múltiplas, em lagoas largas.

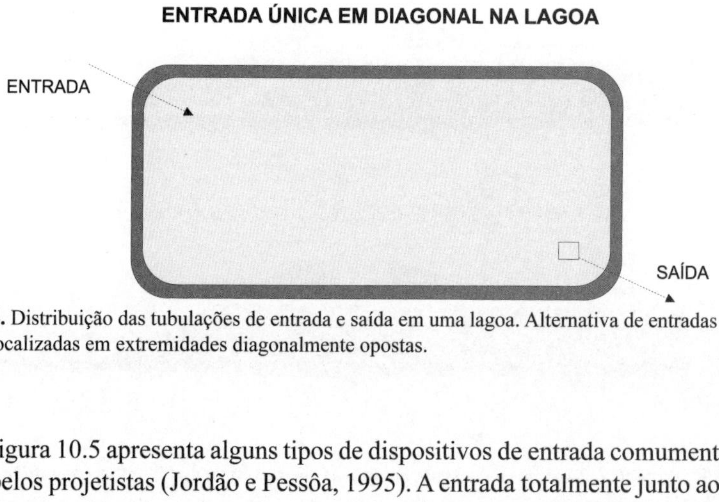

Fig. 10.4. Distribuição das tubulações de entrada e saída em uma lagoa. Alternativa de entradas e saídas únicas, localizadas em extremidades diagonalmente opostas.

A Figura 10.5 apresenta alguns tipos de dispositivos de entrada comumente utilizados pelos projetistas (Jordão e Pessôa, 1995). A entrada totalmente junto ao fundo apresenta um maior risco de assoreamento localizado e eventual entupimento, caso não haja boa desarenação ou o sistema de coleta esteja sujeito a grandes contribuições de origem pluvial, que aportam uma maior quantidade de areia.

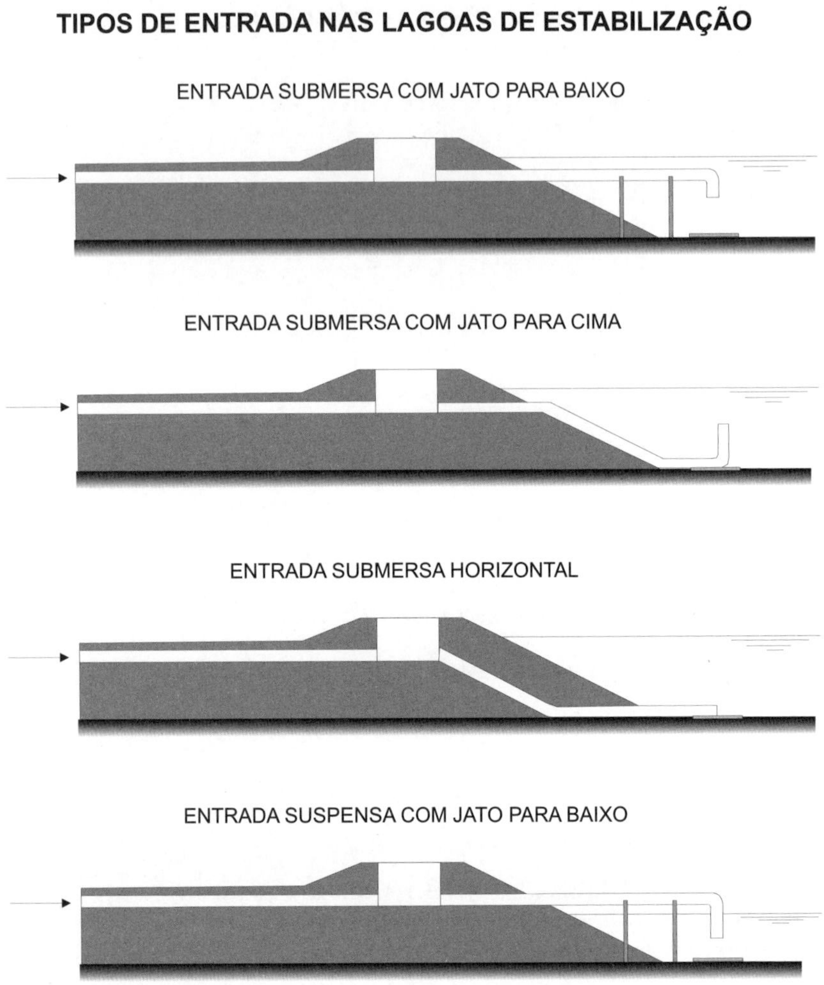

Fig. 10.5. Diferentes esquemas de entrada em lagoas de estabilização (adaptado de Jordão e Pessôa, 1995)

Deve-se incluir tubulações de *by-pass*, que permitam a partida da lagoa facultativa antes da lagoa anaeróbia, a interrupção na alimentação de determinada lagoa durante a remoção de lodo ou por qualquer outro motivo operacional ou de manutenção.

10.7. DISPOSITIVOS DE SAÍDA

O projeto da saída do efluente das lagoas de estabilização deve levar em consideração os seguintes aspectos (Mara et al, 1992; Silva, 1993; Jordão e Pessôa, 1995):

- a saída deve situar-se na extremidade oposta à da entrada, para evitar curtos-circuitos
- a saída não deve situar-se no mesmo alinhamento da entrada, de forma a minimizar curtos-circuitos
- os dispositivos de saída podem ser de nível fixo ou variável (este último mais desejável, por permitir maior flexibilidade)
- a saída deve possuir placas defletoras com alcance abaixo do NA, para evitar a saída de material flutuante, como algas nas lagoas facultativas, ou escuma, nas lagoas anaeróbias
- o nível de retirada do efluente, protegido pelas placas defletoras, tem os seguintes resultados conflitantes: retirada mais superficial – maiores teores de OD e de SS; retirada mais profunda – menores teores de OD e de SS
- valores aproximados para o nível de retirada do efluente deverão ser em torno das seguintes profundidades abaixo do NA: lagoas anaeróbias: 0,30 m; lagoas facultativas: 0,60 m; lagoas de maturação: 0,05 m
- o projeto deve prever flexibilidade operacional para ajuste do nível de retirada abaixo do NA, de forma a permitir o ponto desejado entre os objetivos conflitantes entre as concentrações de OD e de SS
- o acesso ao dispositivo de saída deve ser fácil, de forma a permitir medições de vazão, coleta de amostras e manobras de alteração no nível da lagoa
- pode-se adotar um sistema de descarga de fundo na própria estrutura de saída (embora a utilização bastante infreqüente ou improvável da descarga de fundo dificulte o seu próprio acionamento, após um grande intervalo de tempo sem utilização)

Há vários tipos de dispositivos de saída. A Figura 10.6 ilustra alguns destes tipos, como uma *curva de 90º*, um *tê* de ferro fundido, *vertedor* (estes três para nível fixo na lagoa), e *stop-logs* de madeira (a colocação ou retirada das pranchas de madeira permite variar o nível da lagoa) e *comportas*. Os stop-logs não propiciam uma boa vedação, podendo ocorrer a passagem de líquido por entre as pranchas, embora tal não se constitua em princípio em um grande problema. Pode-se adotar comportas com acionamento por parafuso sem fim, as quais permitem a variação do nível d'água, com uma maior estanqueidade (ainda que não total). Soares (1995) sugere a seguinte ordem de prioridade para materiais das comportas de lagoas: alumínio, fibra de vidro e finalmente, madeira.

TIPOS DE SAÍDA DAS LAGOAS DE ESTABILIZAÇÃO

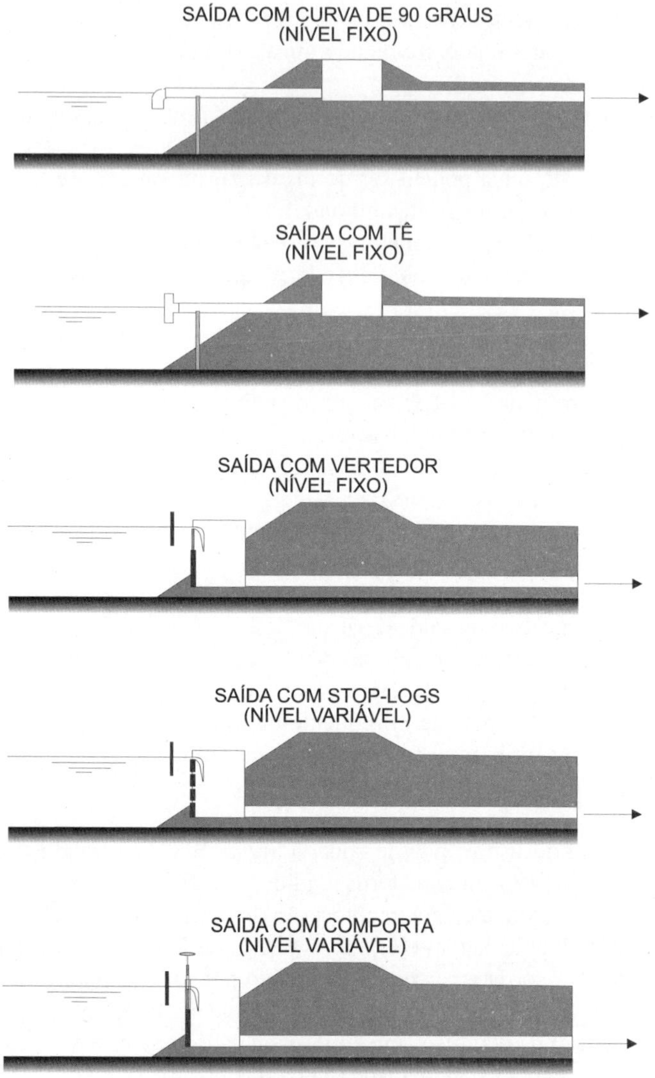

Fig. 10.6. Alguns tipos de saída de lagoas de estabilização

Quando o efluente de uma lagoa se dirigir para outra lagoa a jusante, a interconexão entre as lagoas deverá ser por meio de uma *caixa de passagem*, de modo a possibilitar a coleta de amostras e a desobstrução de canalizações.

CAPÍTULO 11

Manutenção e operação

11.1. INTRODUÇÃO

A simplicidade conceitual das lagoas de estabilização traz como conseqüência a própria simplicidade dos procedimentos de operação e manutenção. As lagoas são inerentemente simples, e devem ser projetadas para que assim o sejam ao longo da sua rotina operacional. É neste ponto que reside a grande sustentabilidade do tratamento de esgotos por lagoas de estabilização, principalmente para os países em desenvolvimento. No entanto, a simplicidade operacional não deve ser um meio caminho para o descaso com a estação e com o processo. Há uma série de procedimentos de operação e manutenção que devem ser executados dentro de uma determinada rotina, sem a qual ocorrerão problemas ambientais e de redução na eficiência de tratamento.

O presente capítulo trata dos seguintes aspectos relativos à operação e manutenção das lagoas:

- dimensionamento da equipe de trabalho
- programação de inspeção, coletas e medições
- início de operação
- problemas operacionais

A cobertura destes itens é bastante simplificada. As referências WEF (1990), Mara et al (1992), Yanez (1993) ou Jordão e Pessôa (1995) devem ser consultadas para maiores detalhes com relação a estes tópicos.

É essencial que o projeto da lagoa de estabilização inclua um Manual de Operação, que forneça as principais diretrizes para a operação adequada do sistema projetado. Durante a fase de operação, o operador poderá buscar aos poucos a otimização do processo, tendo por base a sua experiência acumulada com a lagoa em questão.

11.2. EQUIPE DE TRABALHO

Em uma lagoa de estabilização, a maior parte do pessoal está associado a atividades simples de manutenção, como corte de grama, limpeza e outros. A necessidade de pessoal técnico qualificado é baixa, comparada com a maior parte dos outros processos de tratamento.

Adaptando-se propostas de dimensionamento de equipe apresentadas por Yanez (1993) para alguns tamanhos de lagoas (população servida), pode-se ter as equipes apresentadas no Quadro 11.1.

Quadro 11.1. Dimensionamento de equipe para administração, operação e manutenção de lagoas de estabilização em função da população servida

Pessoal	Pop ≤ 10.000 hab		Pop = 20.000 a 50.000 hab		Pop > 50.000 hab	
	Lagoa facultativa	Lagoa aerada	Lagoa facultativa	Lagoa aerada	Lagoa facultativa	Lagoa aerada
Administração						
Engenheiro superintendente	-	-	1/2	1/2	1	1
Secretária	-	-	1/2	1/2	1	1
Auxiliar	-	-	1	1	1	1
Motorista	-	-	1	1	1	1
Operação/manutenção						
Engenheiro chefe	1/4	1/4	1/2	1/2	1	1
Químico	-	-	1/4	1/4	1/2	1/2
Laboratorista	-	-	1/2	1/2	1	1
Mecânico-eletricista	-	-	-	1/2	-	1
Operador - 08:00 - 16:00 h	1	1	1	1	1	1
Operador 16:00 - 24:00 h	-	-	-	1	1	1
Operador 24:00 - 08:00 h	-	-	-	1	-	1
Trabalhadores braçais	2	2	2-5	2-7	6-10	7-12

11.3. INSPEÇÃO, COLETAS E MEDIÇÕES

O operador deve executar diariamente uma inspeção por toda a lagoa e unidades complementares. Soares (1995) apresenta um modelo de ficha de inspeção e ocorrências, adotada pela COPASA-MG, da qual podem ser destacados os pontos listados no Quadro 11.2.

Quadro 11.2. Aspectos a serem incluídos em uma ficha diária de inspeção e ocorrências

Dia:			
Condições do tempo			
Tempo (com sol, nublado, chuvoso)			
Vento (ausente, fraco, forte)			
Item	**Sim**	**Não**	**Comentário / local / quantidade / providências**
Observações na lagoa			
Há levantamento de lodo na lagoa?			
Há manchas verdes na superfície?			
Há manchas negras na superfície?			
Há manchas de óleo na superfície?			
Há vegetais em contato com a água?			
Há erosão nos taludes?			
Há infiltração visível?			
Há presença de aves?			
Há presença de insetos?			
Outros aspectos			
As cercas estão em ordem?			
As canaletas de água pluvial estão limpas?			
O medidor de vazão está funcionando?			
Houve capina?			
Houve retirada de escuma?			
Houve remoção de sólidos na grade?			
Houve remoção de areia?			
Faltou energia?			
Foi usado o by-pass para o corpo receptor?			

Fonte: adaptado de Jordão e Pessôa (1995) e Soares (1995)

A programação de amostragem e medições pode seguir o modelo apresentado no Quadro 11.3. Naturalmente que, dependendo do porte e da importância da lagoa, o número de parâmetros a ser incluídos, bem como a freqüência de sua determinação, poderão ser alterados e adaptados às necessidades locais. Lagoas de pequeno porte, em locais remotos e de menor poder aquisitivo podem ter uma programação de amostragem bem mais simplificada, concentrando-se na determinação da vazão e dos parâmetros cobertos pela legislação ambiental. Caso o efluente seja usado para reúso na agricultura, parâmetros agronômicos (condutividade elétrica, Ca, Mg, Na, boro e outros) e sanitários (ovos de helmintos) de interesse devem ser investigados

Devido à variabilidade diurna de vários parâmetros de qualidade nas lagoas de estabilização, a amostragem composta é preferível. A coleta das alíquotas que perfazem a amostra composta é feita automaticamente (amostradores automáticos) ou manualmente, em intervalos de 1 a 3 horas. Caso haja dificuldades na coleta de amostras compostas, a coleta de uma amostra correspondente à profundidade da lagoa (coluna d'água) apresenta resultados comparáveis com a amostra composta. Mara et al (1992) apresentam detalhes do amostrador de coluna.

Um aspecto de fundamental importância em um programa de monitoramento é o relacionado ao real aproveitamento dos dados levantados. Não há sentido em se obter dados, se os mesmos não forem posteriormente consistidos e interpretados. Deverão ser produzidos gráficos de acompanhamento do desempenho da lagoa, com ampla participação do operador no seu acompanhamento. A introdução dos dados em planilhas eletrônicas de computador, no escritório central, possibilitando a elaboração de cálculos de parâmetros de carga e eficiência e dos gráficos relevantes afigura-se como a melhor forma de aproveitamento dos dados.

Quadro 11.3. Programa de medições e amostragem

Freqüência	Parâmetro	Local da determinação	Afluente	Lagoa facultativa	Lagoa aerada	Efluente
Diária	Vazão (m^3/d)	*In situ*	x			x
	Temperatura do ar (°C)	*In situ*				
	Temperatura do líquido (°C)	*In situ*	x	x	x	x
	pH	*In situ*	x	x	x	x
	Sólidos sedimentáveis (ml/l)	*In situ*	x			x
	Oxigênio dissolvido (mg/l)	*In situ*		x	x	
Semanal	DBO total (mg/l)	Lab. central	x			x
	DQO total (mg/l)	Lab. central	x			x
	DBO ou DQO filtrada (mg/l)	Lab. central				x
	Coliformes fecais (ou *E. coli*) (NMP/100 ml)	Lab. central	x			x
	Sólidos em suspensão totais (mg/l)	Lab. central	x			x
	Sólidos em suspensão voláteis (mg/l)	Lab. central	x			x
Mensal	Nitrogênio orgânico (mg/l)	Lab. central	x			x
	Nitrogênio amoniacal (mg/l)	Lab. central	x			x
	Nitratos (mg/l)	Lab. central				x
	Fósforo (mg/l)	Lab. central	x			x
	Sulfatos (mg/l)	Lab. central	x			x
	Sulfetos (mg/l)	Lab. central	x			x
	Alcalinidade (mg/l)	Lab. central	x			
	Óleos e graxas (mg/l)	Lab. central	x			x
Eventual	Contagem de zooplâncton	Lab. central		x		
	Contagem de fitoplâncton	Lab. central		x		
	Principais gêneros de algas	Lab. central		x		
	OD produzido por fotossíntese (mg/l.h)	*In situ*		x		
	OD consumido por respiração (mg/l.h)	*In situ*		x		
	Vazão horária (m^3/h) (24h de h/h)	*In situ*	x			
	OD horário (mg/l) (24h de h em h)	*In situ*		x	x	

Fonte: adaptado de CETESB (1989), WEF (1990), Yanez (1993), Silva (1993), Jordão e Pessôa (1995)
Notas:
Lagoas anaeróbias - a programação pode ser similar à de lagoas facultativas (incluindo esgoto bruto), excluindo-se a determinação de gêneros de algas, estudos de produção de OD e penetração da luz
Lagoas de maturação - a programação pode ser similar à de lagoas facultativas
Uso do efluente na agricultura: incluir parâmetros agronômicos (condutividade elétrica, Ca, Mg, Na, boro e outros) e sanitários (ovos de helmintos)

11.4. INÍCIO DE OPERAÇÃO

11.4.1. Carregamento das lagoas

O carregamento inicial das lagoas pode ser efetuado utilizando-se um dos dois procedimentos descritos a seguir (CETESB, 1989). O carregamento deve ser preferencialmente no verão, quando há temperaturas mais elevadas.

a) *Enchimento da lagoa com água bombeada de córrego vizinho ou proveniente de sistema de abastecimento público*
- Encher a lagoa com uma lâmina d'água mínima, preferencialmente atingindo-se 1 m.
- Bloquear os dispositivos de saída.
- Iniciar a introdução de esgoto, até se atingir a lâmina prevista em projeto.

A adoção deste procedimento:
- impede o crescimento incontrolado da vegetação, que ocorre em condições de reduzida lâmina d'água;
- permite testar a estanqueidade do sistema;
- possibilita a correção de eventuais deficiências decorrentes de uma compactação deficiente (antes da introdução do esgoto).

b) *Enchimento da lagoa com uma mistura de água bombeada do córrego e do esgoto a ser tratado*
- Fazer uma mistura esgoto/água (diluição com uma relação igual ou superior a 1/5)
- Encher a lagoa com uma lâmina em torno de 0,40 m
- Aguardar alguns dias, até que se verifique, visualmente, o aparecimento de algas
- Nos dias subseqüentes, adicionar mais esgotos, ou mistura esgoto/água, até ocorrer uma floração de algas
- Interromper a alimentação por um período de 7 a 14 dias
- Encher a lagoa com esgotos até o nível de operação
- Interromper a alimentação
- Aguardar o estabelecimento de uma população de algas (em torno de 7 a 14 dias)
- Alimentar normalmente a lagoa com esgotos

Caso não haja água disponível, as lagoas podem ser enchidas com esgoto bruto e deixadas por cerca de 3 a 4 semanas, de forma a permitir o desenvolvimento da população microbiana. Certa liberação de odor será inevitável neste período (Mara et al, 1992).

Durante todo o período de carregamento, deve haver um acompanhamento por operadores com experiência no processo. O período total de carregamento pode durar 60 dias, até que se estabeleça no meio uma comunidade biológica equilibrada.

Os seguintes dois procedimentos devem ser evitados:

- *Receber a carga de esgotos prevista em projeto, sem que se estabeleça na lagoa uma comunidade biológica balanceada*. Caso isto seja efetuado, a lagoa entrará em anaerobiose, com desprendimento de maus odores. A reversão deste processo de anaerobiose pode levar dois meses.
- *Carregar as lagoas com contribuições pequenas e continuadas*, o que freqüentemente ocorre quando se tem um baixo número de ligações domiciliares. Neste caso, como o terreno não está ainda colmatado, o líquido pode percolar pelos taludes, acumulando sólidos putrescíveis, com emanação de maus odores.

11.4.2. Início de operação de lagoas anaeróbias

O início de operação de lagoas anaeróbias requer os seguintes procedimentos (CETESB, 1989):

- Iniciar a introdução dos esgotos segundo as recomendações do Item 11.4.1.
- Manter o pH do meio levemente alcalino (7,2 a 7,5). Para facilitar a ocorrência destas condições, pode-se adicionar, após 30 dias de operação, lodo digerido de estações de tratamento de esgotos ou de tanques Imhoff, ou pó calcário, cinza vegetal ou bicarbonato de sódio.

As lagoas anaeróbias devem ter a partida após a das lagoas facultativas. Isto evita a liberação de odores com a descarga do efluente anaeróbio em uma lagoa facultativa vazia. Caso a concentração do esgoto bruto seja muito baixa, ou sua vazão pequena, no início de operação do sistema, é melhor desviar o esgoto bruto para a lagoa facultativa, até que se possa ter uma carga orgânica volumétrica de pelo menos 0,1 kgDBO/m^3.d (Mara et al, 1992). Caso haja mais de uma lagoa anaeróbia em paralelo, pode-se dar carga em apenas uma lagoa, de forma que a carga aplicada nesta lagoa seja igual ou superior ao valor mínimo de 0,1 kgDBO/m^3.d.

11.4.3. Início de operação de lagoas facultativas

Os seguintes procedimentos são recomendados (CETESB, 1989):

- Iniciar a introdução dos esgotos segundo as recomendações do Item 11.4.1.
- A manutenção de um pH levemente alcalino deverá ocorrer naturalmente, caso as recomendações do Item 11.4.1 sejam seguidas.
- Medir diariamente o oxigênio dissolvido

11.4.4. Início de operação de lagoas em sistemas em série

A partida das lagoas situadas a jusante da lagoa primária pode ser efetuada segundo as seguintes recomendações (CETESB, 1989):

- Iniciar o enchimento das lagoas quando a lâmina d'água na lagoa primária atingir um valor mínimo de 1,0 m.
- Fechar os dispositivos de saída das lagoas.

- A adição de água nas lagoas deve ser feita até se ter uma lâmina de 1,0 m.
- Quando a lagoa primária atingir o nível de operação, o seu efluente pode ser dirigido para a célula subseqüente, tomando-se as seguintes precauções:
  - Retirar os stop-logs lentamente, impedindo que a lâmina d'água da unidade precedente caia abaixo de 1,0 m.
  - Não efetuar operações de descarga de fundo da célula primária
  - Equalizar as lâminas em todas as lagoas de forma lenta
  - Evitar a situação em que uma lagoa esteja totalmente cheia, enquanto a unidade subsequente está vazia

11.5. PROBLEMAS OPERACIONAIS

Os principais problemas operacionais das lagoas anaeróbias, facultativas e aeradas encontram-se nos Quadros 11.4, 11.5 e 11.6, conjuntamente com as principais medidas a serem tomadas para sua possível solução (Fonte: CETESB, 1989; WEF, 1990; Silva, 1995; Jordão e Pessôa, 1995).

Quadro 11.4. Principais problemas operacionais das **lagoas anaeróbias** e suas possíveis soluções

Problema: maus odores
Causas
• Sobrecarga de esgotos e diminuição do tempo de detenção • Carga bem baixa e elevação excessiva do tempo de detenção (a lagoa se comporta como facultativa, com OD na massa líquida) • Presença de substâncias tóxicas • Queda brusca da temperatura dos esgotos
Medidas de prevenção e controle
• Recircular o efluente da lagoa facultativa ou de maturação para a entrada da lagoa anaeróbia (razão de recirculação de aproximadamente 1/6) • Melhorar a distribuição do afluente na lagoa (distribuição por tubulações perfuradas no fundo da lagoa) • No caso de sobrecarga, eventual by-pass parcial para a lagoa facultativa (caso esta suporte elevações da carga) • No caso de longos tempos de detenção, operar com uma lagoa anaeróbia apenas (caso haja duas ou mais lagoas em paralelo) • Adicionar nitrato de sódio em vários pontos da lagoa • Adicionar cal (~ 12 g por m^3 de lagoa) para elevar o pH, reduzindo as condições ácidas responsáveis pela inibição da metanogênese e pela maior presença do sulfeto na forma livre, tóxica • Adicionar produtos que seqüestrem os sulfetos • Evitar a adição de cloro, pois o mesmo causará problemas posteriores para o reinício das atividades biológicas
Problema: proliferação de insetos
Causas
• Material gradeado ou areia removida não dispostos convenientemente • Crescimento de vegetais no encontro entre NA e talude interno • Camada de escuma e óleo sempre presente nas lagoas anaeróbias • Circulação e manutenção fracas

Medidas de prevenção e controle

- Aterrar o material removido das grades e caixas de areia em valas
- Cortar os vegetais desenvolvidos
- Revolver, com rastelo ou jato d'água, a camada de material flutuante que cobre as lagoas
- Aplicar cuidadosamente inseticidas ou larvicidas na camada de escuma

Problema: crescimento de vegetais

Causas

- Manutenção inadequada

Medidas de prevenção e controle

- Vegetais aquáticos (crescem no talude interno): remoção total, evitando a sua queda na lagoa
- Vegetais terrestres (crescem no talude externo): capinar o terreno; adicionar produtos químicos para controle de ervas

Problema: manchas verdes no encontro do NA com o talude

Causas

- Proliferação de algas, face à pequena profundidade no trecho NA-talude

Medidas de prevenção e controle

- Remover as colônias de algas

Problema: entupimento das tubulações de entrada

Causas

- Tubulação de entrada obstruída

Medidas de prevenção e controle

- Limpar as tubulações com vara ou arame de aço

Problema: superfície da lagoa coberta por uma camada de escuma

Causas

- Escuma, óleos e plásticos

Medidas de prevenção e controle

- Não há que se tomar atitudes: a camada de escuma é totalmente normal em lagoas anaeróbias, ajudando a manter a ausência de oxigênio, e dificultando o desprendimento de maus odores

Quadro 11.5. Principais problemas operacionais das **lagoas facultativas** e suas possíveis soluções

Problema: escuma e flutuantes (impedindo a passagem da energia luminosa)

Causas

- Superfloração de algas (formando nata esverdeada)
- Lançamento de material estranho (ex: lixo)
- Placas de lodo desprendidas do fundo
- Pouca circulação e atuação do vento

Medidas de prevenção e controle

- Quebrar a escuma com jatos d'água ou com rastelo (escuma quebrada usualmente afunda)
- Remover a escuma com peneiras de pano, enterrando-a depois
- Desagregar ou remover placas de lodo
- Remover obstáculos para a penetração do vento (caso possível)

Problema: maus odores causados por sobrecarga

Causas

- Sobrecarga de esgotos, causando abaixamento do pH, queda da concentração de OD, mudança na cor do efluente de verde para verde-amarelado (predominância de rotíferos e crustáceos, que se alimentam das algas), aparecimento de zonas cinzentas junto ao afluente e maus odores

Medidas de prevenção e controle

- Transformar a operação de série para paralelo
- Retirar temporariamente a lagoa problemática de operação (desde que haja pelo menos duas lagoas em paralelo)
- Recircular o efluente na razão de 1/6
- Considerar entradas múltiplas do afluente, para evitar caminhos preferenciais
- No caso de sobrecargas consistentes, considerar a inclusão de aeradores na lagoa
- Eventualmente adicionar nitrato de sódio, como complementação de fonte de oxigênio combinado

Problema: maus odores causados por más condições atmosféricas

Causas

- Longos períodos com tempo nublado e temperatura baixa

Medidas de prevenção e controle

- Diminuir a altura da lâmina d'água
- Colocar uma lagoa em paralelo em operação
- Instalar aeradores superficiais próximos à entrada do afluente

Problema: maus odores causados por substâncias tóxicas

Causas

- Substâncias tóxicas advindas de descargas industriais, gerando repentinas condições anaeróbias na lagoa

Medidas de prevenção e controle

- Efetuar análise físico-química completa do afluente, de forma a identificar o possível composto tóxico
- Identificar na bacia de contribuição a indústria causadora da descarga, tomando as providências dentro da legislação
- Isolar a lagoa afetada
- Colocar uma segunda unidade em operação em paralelo, com aeração, caso seja possível

Problema: maus odores causados por curtos-circuitos hidráulicos

Causas

- Má distribuição do afluente
- Zonas mortas, advindas de excessivo aproveitamento de curvas de nível
- Presença de vegetais aquáticos no interior da lagoa

Medidas de prevenção e controle

- Coletar amostras em vários pontos da lagoa (ex: OD) para verificar se há significativas diferenças de ponto para ponto
- No caso de entradas múltiplas, regularizar a distribuição uniforme da vazão afluente por todas as entradas
- No caso de entrada simples, construir novas entradas
- Cortar e remover vegetais aquáticos
- No caso de zonas mortas, introduzir aeração para causar pequena mistura

Problema: maus odores causados por massas de algas flutuantes

Causas

- Superfloração de algas, impedindo a penetração da energia luminosa, e causando problemas com a mortandade da população em excesso

Medidas de prevenção e controle

- Jateamento com mangueira d'água
- Destruição com rastelo
- Remoção com peneiras

Problema: elevadas concentrações de algas (SS) no efluente

Causas

- Condições atmosféricas que favorecem o crescimento de certas populações de algas

Medidas de prevenção e controle

- Retirar o efluente submerso, após passar por defletores, que retêm as algas
- Usar múltiplas células em série, com um reduzido tempo de detenção em cada célula
- Efetuar pós-tratamento do efluente da lagoa, para remover excesso de SS

Problema: presença de cianobactérias

Causas

- Tratamento incompleto
- Sobrecarga
- Desbalanço de nutrientes

Medidas de prevenção e controle

- Quebrar as florações de algas (cianobactérias)
- Adicionar criteriosamente sulfato de cobre

Problema: presença de algas filamentosas e musgo, que limitam a penetração da energia luminosa

Causas

- Lagoas superdimensionadas
- Carga afluente sazonalmente reduzida

Medidas de prevenção e controle

- Aumentar a carga unitária, através da redução do número de lagoas em operação
- Usar operação em série

Problema: tendência progressiva de decréscimo no OD (OD abaixo de 3 mg/l nos meses quentes)

Causas

- Baixa penetração da luz solar
- Baixo tempo de detenção
- Alta carga de DBO
- Despejos industriais tóxicos

Medidas de prevenção e controle

- Remover vegetais flutuantes
- Reduzir a carga na lagoa primária através de operação em paralelo
- Introduzir aeração complementar
- Recircular o efluente final

Problema: tendência progressiva de decréscimo no pH (pH ideal acima de 8), com mortandade das algas verdes

Causas

- Sobrecarga
- Longos períodos com condições atmosféricas adversas
- Organismos se alimentando das algas

Medidas de prevenção e controle

- Ver medidas relativas a baixo OD ou maus odores por sobrecarga

Problema: proliferação de insetos

Causas

- Presença de vegetais nas margens dos taludes internos das lagoas

Medidas de prevenção e controle

- Reduzir o N.A., fazendo com que as larvas presas aos vegetais nos taludes desapareçam, quando a área secar
- Operar a lagoa com variação do N.A.
- Proteger o talude interno com placas de concreto, argamassa armada, geomembrana etc
- Colocação de peixes na lagoa, como tilápia e carpas
- Destruir as escumas
- Aplicar criteriosamente produtos químicos

Problema: vegetação

Causas

- Baixo nível operacional da lagoa (abaixo de 60 cm)
- Infiltração excessiva
- Baixa vazão de esgotos

Medidas de prevenção e controle

- Operar as lagoas com um nível superior a 90 cm
- Cortar os vegetais nas margens internas, evitando que os mesmos caiam dentro das lagoas
- Proteger o talude internamente com placas de concreto, argamassa armada, rip-rap, geomembranas etc
- Remover os vegetais internos à lagoa com canoas ou dragas (abaixar o N.A. para facilitar a operação)
- Reduzir a permeabilidade da lagoa com uma camada de argila (caso possível)
- Aplicar criteriosamente herbicidas

Quadro 11.6. Principais problemas operacionais das **lagoas aeradas** e suas possíveis soluções

Problema: OD ausente em alguns pontos

Causas

- Mau posicionamento dos aeradores
- Sobrecarga nos trechos iniciais

Medidas de prevenção e controle

- Mudar a posição dos aeradores
- Colocar mais aeradores nos trechos iniciais
- Analisar sobrecarga (ver itens correspondentes no Quadro 11.5)

Problema: ocorrência de maus odores e moscas

Causas

- Acúmulo de escumas nos cantos e nos taludes internos

Medidas de prevenção e controle

- Remover o material flutuante

Problema: OD variável, floco disperso e espumas

Causas

- Cargas de choque
- Superaeração
- Despejos industriais

Medidas de prevenção e controle

- Controlar a operação dos aeradores por liga-desliga
- Monitorar o OD para estabelecer a forma ideal de operação dos aeradores
- Manter OD em torno de 1 mg/l ou mais
- Localizar os despejos industriais que causem as espumas, requerendo o seu pré-tratamento

CAPÍTULO 12

Gerenciamento do lodo de lagoas de estabilização

12.1. PRELIMINARES

Como em todos os processos de tratamento biológico dos esgotos, também nas lagoas de estabilização ocorre produção de lodo, associado aos sólidos presentes no esgoto bruto e, principalmente, à biomassa que se desenvolve no próprio tratamento de esgotos. Os diversos capítulos do presente livro, ao abordar as diferentes modalidades de lagoas de estabilização, apresentam valores para a estimativa da produção volumétrica de lodo (expressos em m^3/hab.ano ou em cm/ano). O presente capítulo, baseado em Gonçalves (1999), apresenta detalhes adicionais acerca das características do lodo e, principalmente, do gerenciamento do lodo de lagoas. No entanto, a excelente referência Gonçalves (1999) deve ser consultada para um maior aprofundamento sobre o tema.

As lagoas facultativas têm como uma de suas principais vantagens a possibilidade de se acumular o lodo no fundo da lagoa, durante todo o horizonte de operação, sem a necessidade de sua remoção. No entanto, nas lagoas mais compactas (lagoas anaeróbias, lagoas aeradas facultativas e lagoas de sedimentação), a ocupação do volume útil da lagoa devido ao acúmulo de lodo é mais expressiva, trazendo a necessidade de um adequado gerenciamento deste, incluindo a remoção, eventual processamento e disposição final.

Não se pretende aqui discorrer de forma aprofundada sobre o tratamento e disposição final do lodo, itens estes cobertos em Gonçalves (1999) e no Volume 6 da presente série.

12.2. CARACTERÍSTICAS E DISTRIBUIÇÃO DO LODO NAS LAGOAS DE ESTABILIZAÇÃO

As características do lodo armazenado nas lagoas de estabilização são função do tempo de retenção deste na lagoa, usualmente da ordem de alguns a vários anos. Neste período, o lodo sofre *adensamento* e *digestão anaeróbia*, o que se reflete nos elevados teores de sólidos totais (ST) e na baixa relação de sólidos voláteis / sólidos totais (SV/ST).

Lodos retirados de lagoas primárias usualmente apresentam elevados teores de sólidos totais, freqüentemente superiores a 15%. Devido ao adensamento, a concentração de sólidos varia ao longo da espessura da camada de lodo, possuindo valores mais elevados na camada inferior. O lodo de lagoas de polimento piloto rasas pesquisadas em Minas Gerais (profundidades de 0,6 a 1,0 m), operando entre seis meses e um ano, apresentaram concentrações médias em torno de 4 a 6% (Brito et al, 1999; von Sperling et al, 2002b).

O lodo de lagoas operando há vários anos usualmente se apresenta bem digerido, com teores de SV/ST inferiores a 50%. No caso das referidas lagoas piloto tratando efluente anaeróbio, após apenas entre 6 meses e um ano, os teores de SV/ST estiveram próximos a 60%, ao passo que a relação SSV/SST situou-se em torno de 50%.

Em termos de nutrientes (nitrogênio, fósforo e potássio), dados obtidos em uma lagoa anaeróbia e uma lagoa facultativa primária (Gonçalves, 1999) sugerem teores de nutrientes inferiores aos obtidos em outros processos de tratamento de esgotos. Os valores médios obtidos foram: NTK: 2,0% dos ST; P total: 0,2% dos ST; K: 0,04% dos ST.

Com relação a metais pesados, valem aqui as considerações feitas no Capítulo 3 do Volume 6 da presente série, acerca da dependência destas características com a presença e a tipologia de despejos industriais.

A respeito de coliformes, os teores situam-se entre 10^2 e 10^4 CF/g ST, ocorrendo uma mortandade dos mesmos durante o período de acúmulo na lagoa.

Os ovos de helmintos apresentam-se em grandes quantidades no lodo de lagoas, já que o principal mecanismo de remoção dos ovos da fase líquida é a sedimentação. As contagens variam bastante de ETE para ETE, em função da variabilidade das contagens no esgoto bruto das localidades. Valores obtidos no lodo de uma lagoa anaeróbia no Espírito Santo (Gonçalves, 1999) e em duas lagoas de polimento em Minas Gerais (von Sperling et al, 2002b) situaram-se dentro da ampla faixa de 30 a 800 ovos/g ST. O longo período de digestão do lodo na lagoa parece contribuir com a redução da viabilidade. No entanto, é importante se destacar que o lodo de lagoas, mesmo após vários anos, contém ainda ovos viáveis, o que deve ser levado em conta no seu gerenciamento. Dados do lodo da lagoa anaeróbia operando há vários anos no Espírito Santo estão associados a uma percentagem de viabilidade entre 1 e 10%, ao passo que o lodo das lagoas de polimento em Minas Gerais, após períodos de operação de apenas seis meses e um ano, apresentou percentagens de viabilidade bem mais elevadas, entre 60 e 90%. A espécie de helminto predominante nas lagoas citadas de ambos os estados foi *Ascaris lumbricoides*, variando de 50 a 99% da contagem total de ovos encontrada.

A altura e as características da camada de lodo variam ao longo das lagoas, dependendo de sua geometria e do posicionamento das estruturas de entrada e saída. Diferentes padrões de perfis foram observados por Gonçalves (1999), mas o mais freqüente, principalmente em lagoas primárias e em lagoas alongadas (chicaneadas), é de uma maior altura da camada de lodo próximo à entrada. A maior preocupação ocorre quando a camada de lodo aflora à superfície, permitindo a liberação de compostos odorantes (Figura 12.1). Esta situação ocorre com maior freqüência em lagoas sem remoção prévia da areia e em lagoas anaeróbias. Caso não seja realizada a remoção do lodo, pelo menos a inclusão de desarenação e a redistribuição da camada aflorante e da entrada do afluente na lagoa devem ser praticados.

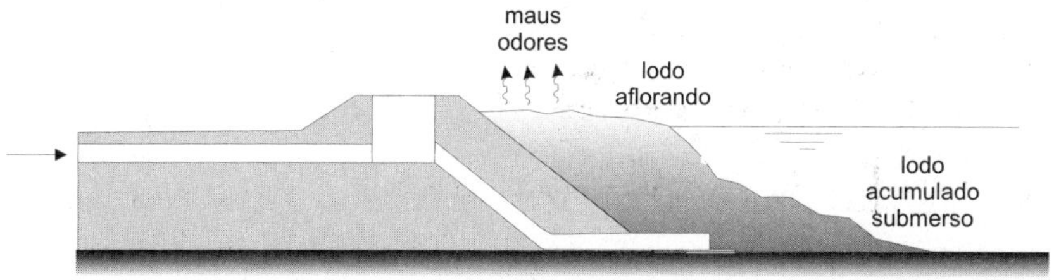

Fig. 12.1. Distribuição espacial não homogênea do lodo, com afloramento superficial e possível liberação de compostos odorantes (adaptado de Gonçalves, 1999)

12.3. REMOÇÃO DO LODO DAS LAGOAS DE ESTABILIZAÇÃO

12.3.1. Introdução

A remoção do lodo é uma tarefa obrigatória e de proporções significativas na operação de lagoas primárias, ainda sem solução de engenharia com aceitação generalizada. Sua realização deve ser bem planejada, uma vez que a técnica utilizada pode alterar as características do lodo (aumentar a umidade) e dificultar sua disposição final.

Gonçalves et al (1999) apresentam em detalhe o planejamento e as técnicas empregadas para a remoção do lodo das lagoas. O presente item é baseado integralmente nesta referência.

12.3.2. Informações sobre o volume de lodo a ser removido

O planejamento da remoção do lodo de uma lagoa tem como objetivo minimizar custos, antecipar soluções de problemas eventuais e reduzir impactos relacionados com a remoção e disposição do lodo. Como etapas essenciais na operação de limpeza podem ser citadas:

- *Etapa 1* – Determinação da geometria da lagoa com base no projeto executivo ou através de levantamento topográfico.
- *Etapa 2* - Realização da batimetria da lagoa, definindo-se seções batimétricas, altura útil da lagoa e a lâmina da camada de lodo.
- *Etapa 3* - Caracterização físico-química e microbiológica do lodo.
- *Etapa 4* – Definição da tecnologia a ser adotada na remoção do lodo e, se necessário, dos meios de desidratação e transporte.
- *Etapa 5* – Definição do destino final adequado para o lodo, considerando o menor impacto ambiental possível.

Evidentemente, as etapas 1, 2 e 3 são pré-requisitos para a implementação da etapa 4, que define a técnica de remoção do lodo da lagoa. Embora não haja convergência sobre o tipo de técnica, sua definição tem impacto direto nos teores de umidade e, portanto, no volume de lodo a ser disposto posteriormente.

Os itens subsequentes descrevem a etapa de remoção do lodo das lagoas. O eventual processamento do lodo (secagem, higienização) e sua disposição estão abordados no Volume 6 da presente série.

12.3.3. Técnicas aplicáveis na remoção do lodo

As principais técnicas de remoção do lodo de lagoas podem ser classificadas em:

- mecanizadas ou não mecanizadas
- com paralisação ou não paralisação do funcionamento da lagoa

Esta última classificação foi adotada na descrição a seguir, por considerar a importância da decisão operacional de se manter ou não a lagoa funcionando.

Para os casos em que o lodo deve ser submetido à desidratação após a remoção, as seguintes alternativas podem ser consideradas: secagem natural na própria lagoa, utilização de leitos de secagem, de lagoas de lodo ou até mesmo a utilização de equipamentos mecânicos.

Em localidades com um grande número de lagoas nas cercanias, pode ser interessante a utilização de uma unidade móvel de desidratação (com centrífugas).

12.3.4. Remoção de lodos com desativação temporária da lagoa

A desativação temporária de uma lagoa pode ser uma medida operacional simples, se a etapa primária de lagoas foi projetada em módulos e se existe capacidade ociosa de tratamento. Entretanto, se esta etapa é composta por uma única lagoa, ou se a carga nominal de dimensionamento já foi atingida, a desativação temporária pode colocar em risco a estabilidade da etapa posterior do tratamento.

Outro aspecto importante está relacionado com o esvaziamento da lagoa. Esta operação necessária para a secagem do lodo no local requer planejamento prévio e consentimento do órgão ambiental. Em caso de esvaziamento muito rápido, principalmente em se tratando de lagoas anaeróbias, o impacto do efluente anaeróbio no corpo receptor pode superar a capacidade de autodepuração deste. Mortandade de peixes, odores desagradáveis e protestos por parte da população podem surgir em conseqüência.

a) Remoção manual

Neste caso, o lodo é submetido a secagem dentro da própria lagoa, até atingir uma consistência que possibilite a utilização de pás e carrinhos de mão para promover a sua retirada (ST > 30%).

Esta técnica possui a grande desvantagem de requerer um longo período para secagem. Considerando-se o período de tempo necessário ao esvaziamento da lagoa, o período de secagem e o período referente à remoção manual do lodo, seguramente a lagoa deverá permanecer desativada por mais de 3 meses.

Entretanto, o volume de lodo a ser removido nestas condições é bastante inferior ao volume existente antes da secagem. Outro aspecto positivo é a possibilidade de higienização complementar do lodo por pasteurização induzida pela energia solar. Pode ser considerada uma solução viável para pequenas ETEs (< 5000 habitantes).

b) Remoção mecânica (uso de tratores)

Como na técnica anterior, o lodo é submetido a secagem na lagoa, sendo removido em seguida. Em função do maior rendimento das máquinas na remoção do lodo, a lagoa pode voltar a funcionar mais rapidamente do que no caso da remoção manual. Porém, para que os tratores tenham acesso ao fundo da lagoa, deve ser verificada previamente a capacidade de suporte do solo, para que não se comprometa a impermeabilização do fundo da lagoa nem a estabilidade dos taludes.

A facilidade de acesso das máquinas na lagoa deve ser avaliada, inclusive considerando-se a opção de ruptura parcial dos taludes para posterior reconstrução. Há registros de tratores atolados em lagoas com lodo, motivo pelo qual recomenda-se não se acessar o fundo da lagoa enquanto o lodo apresentar consistência pastosa (20% < ST < 30%).

c) Raspagem mecanizada e bombeamento do lodo

Quando a lagoa não pode ser desativada por um período de tempo muito longo, uma secagem parcial ao ar, seguida de raspagem mecânica da camada de lodos e posterior bombeamento, pode ser realizada. Esta técnica requer o auxílio de um trator ou dispositivo outro para conduzir o lodo ainda líquido até um ponto mais baixo onde será realizado o bombeamento.

A utilização de bombas de deslocamento positivo (êmbolos, diafragmas, lóbulos rotativos, pistões de alta pressão etc) é recomendada, devido à sua capacidade de imprimir movimento na massa de lodos. Bombas de torque (centrífugas) podem ser utilizadas, porém requerem diluição do lodo muito concentrado, o que resulta em acréscimo do volume de lodo removido.

12.3.5. Remoção de lodos com manutenção da lagoa em funcionamento

a) Remoção por tubulação de descarga hidráulica do lodo

A tubulação de descarga hidráulica do lodo (dreno de fundo) é o dispositivo mais utilizado por ocasião do projeto de lagoas de estabilização anaeróbias ou aeradas. Não obstante, trata-se de uma solução bastante criticada por operadores.

Vários são os relatos de entupimento e perda de função deste dispositivo durante o funcionamento da lagoa. O problema ocorre em função da evolução dos teores de sólidos no lodo ao longo dos anos, fazendo com que sua consistência se modifique do líquido para o pastoso. Caso o descarte do lodo seja realizado com maior freqüência (< 5 anos), o que impediria o adensamento do lodo a teores superiores a 7% no fundo da lagoa, este dispositivo talvez possa ser útil em pequenas ETEs. Para Victoretti (1975), é desnecessária a previsão de dispositivos para descarga do lodo pelo fato das lagoas operarem durante longos períodos sem necessidade de remoção de lodos. Segundo este autor, as unidades deveriam ser projetadas de forma a poderem ser desativadas para a drenagem e remoção do lodo.

Em caso de adoção desta técnica de remoção de lodos de lagoas, recomenda-se a adoção de diâmetros da tubulação iguais ou superiores a 200 mm (Metcalf e Eddy, 1991).

b) Remoção através de caminhão limpa-fossa

Os caminhões limpa-fossa dispõem de um sistema de sucção a vácuo com tubulação flexível que remove o lodo e o transporta para o compartimento de armazenagem dos próprios caminhões.

É uma solução que apresenta o inconveniente de remover lodo com elevado teor de umidade, uma vez que o bombeamento requer a diluição da camada de lodos em avançado estágio de adensamento. O resultado pode ser uma quantidade muito grande de viagens para transportar o lodo da ETE até o local de disposição. Entretanto, possui a grande vantagem de promover a remoção e o transporte do lodo na mesma operação. Os equipamentos também podem ser facilmente encontrados e alugados em cidades de médio e grande porte.

c) Dragagem

O uso de dragas permite a remoção de lodos com teores de ST superiores a 15%, se a raspagem do lodo for realizada por via mecânica. Para lodos com teores de umidade inferiores, este tipo de processo de remoção vê-se comprometido, devido à consistência do material.

As dragas também podem ser dotadas de dispositivo desestruturante da camada de lodo, para que a remoção seja realizada através de bombeamento. Nesse caso, o lodo é removido com teores de umidade maiores do que no caso da raspagem mecânica. Há equipamentos com controle remoto.

A dragagem pode suspender sólidos na saída da lagoa, com o revolvimento da camada de lodo no fundo. Tal fato pode causar uma carga significativa de sólidos na lagoa secundária, quando houver. Outro aspecto importante refere-se à estabilidade do selo impermeabilizante do fundo da lagoa, que pode ser comprometida pela ação de dragagem.

d) Bombeamento a partir de balsa

O bombeamento do lodo do fundo da lagoa pode ser realizado a partir de conjunto moto-bomba instalado em uma balsa. A utilização de bombas de deslocamento positivo (êmbolos, diafragmas, lóbulos rotativos, pistões de alta pressão etc) também é recomendada. A propulsão do conjunto moto-bomba pode ser por eletricidade ou combustível. Há equipamentos com controle remoto.

A utilização de bombas centrífugas só é viável nos casos em que o lodo ainda possui consistência líquida (teores de ST < 6%) ou nos casos em que o conjunto dispõe de dispositivo para escarificação do lodo de fundo. O lodo removido por bombeamento é encaminhado para fora da lagoa, onde poderá ser transportado ou desidratado no local.

e) Sistema robotizado

Esta alternativa não é, até o presente momento, utilizada em larga escala em países em desenvolvimento. Pode ser considerada uma tecnologia promissora na extração do lodo, constituída por um pequeno trator robotizado que se desloca sobre uma esteira, sendo comandado por controle remoto. Na parte frontal do trator, a camada de lodos é desestruturada e aspirada, sendo em seguida retirada da lagoa através de bombeamento. O processo parece ser capaz de remover lodo com altas concentrações de sólidos (ST > 20%), permitindo que a limpeza da lagoa seja realizada em períodos de tempo mais longos. Suas principais desvantagens residem na ausência de experiências com o equipamento em países em desenvolvimento e o fato de se tratar de um equipamento importado.

12.3.6. Vantagens e desvantagens das técnicas apresentadas

As principais vantagens e desvantagens das diferentes técnicas de remoção de lodo de lagoas citadas anteriormente são resumidas no Quadro 12.1. Uma comparação entre as diferentes técnicas consideradas, envolvendo fatores tais como desempenho do processo, facilidade operacional, flexibilidade com relação à disposição final do lodo, quantidade de lodo removido e custo operacional, é apresentada no Quadro 12.2. A comparação serve apenas de balizamento inicial, uma vez que as condições específicas de cada lagoa de estabilização podem modificar completamente o rendimento das técnicas em questão.

Quadro 12.1. Vantagens e desvantagens das técnicas de remoção do lodo de lagoas de estabilização

Técnicas de remoção do lodo utilizadas com desativação da lagoa		
Tecnologia	**Vantagens**	**Desvantagens**
Remoção manual	- A remoção da umidade é realizada na própria lagoa - A limpeza da lagoa é realizada de forma controlada - Lodo com altos teores de ST diminui o custo com transporte - Possibilita a remoção quase que completa do lodo	- A lagoa fica desativada durante um longo período de tempo - Contato direto dos empregados com o lodo
Remoção mecânica do lodo (uso de tratores)	- A remoção da umidade é realizada *in loco* - A limpeza da lagoa é realizada de forma controlada - Lodo com alto teor de ST diminui o custo com transporte - Maior rendimento que a remoção manual do lodo - Possibilidade da remoção quase que completa do lodo	- A lagoa fica desativada durante um longo período de tempo - Possibilidade de demolição de parte do talude para acesso das máquinas - O fundo da lagoa pode ser danificado necessitando de reparos - Possibilidade do trator atolar no lodo
Raspagem mecanizada e bombeamento	- Menor tempo de secagem do lodo na lagoa - Possibilidade da remoção quase que completa do lodo	- Remoção de lodo ainda muito úmido - Necessidade do acesso de tratores na lagoa
Técnicas de remoção do lodo utilizadas com a manutenção da lagoa em funcionamento		
Tecnologia	**Vantagens**	**Desvantagens**
Sistema de vácuo com caminhão limpa fossa	- Simplicidade operacional - O equipamento é de fácil disponibilidade - O lodo é removido e transportado na mesma operação	- Retirada do lodo com maior freqüência – necessidade de baixos teores de ST - Remoção de lodo úmido devido à mistura com esgoto durante a operação - Necessidade de desidratação natural ou mecânica do lodo removido
Tubulação de descarga hidráulica	- Simplicidade operacional - Baixo custo	- Entupimento do dispositivo de descarga - Descarga deve ser realizada com maior freqüência – baixos teores de ST - Necessidade de desidratação natural ou mecânica do lodo removido - Dificuldades no controle da operação de descarga
Dragagem	- Possibilidade da remoção quase que completa do lodo - Lodo retirado com elevada concentração de sólidos - A limpeza pode ser realizada com menor freqüência	- Necessidade de desidratação natural ou mecânica do lodo removido - Dificuldades no controle da operação de retirada do lodo - Custo do equipamento
Bombeamento a partir de balsa	- Simplicidade operacional - O equipamento é de fácil disponibilidade	- Retirada do lodo com maior freqüência – requer baixos teores de ST; - Necessidade de desidratação natural ou mecânica do lodo removido - Dificuldades no controle da operação de retirada do lodo
Sistema robotizado	- Possibilita a remoção quase que completa do lodo - Lodo com alto teor de ST diminui o custo com transporte - Permite limpeza da lagoa com menor freqüência	- Custo do equipamento - Pouca disponibilidade do equipamento em países em desenvolvimento

Fonte: Gonçalves et al (1999)

Quadro 12.2. Comparação dos principais fatores de seleção das técnicas de remoção do lodo de lagoas de estabilização

Técnica	Desempenho	Facilidade de operação	Tempo de execução	Volume de lodo	Custo
Remoção manual	* * * *	* *	* * * *	*	* *
Remoção mecânica (uso de tratores)	* * * *	* * *	* * *	*	* *
Raspagem mecanizada e bombeamento	* * *	* *	* * *	* *	* *
Sistema de vácuo com caminhão limpa-fossa	*	* * *	* *	* * * *	* * *
Tubulação de descarga hidráulica	*	* * * *	* *	* * *	*
Dragagem	* * *	* *	* *	* * *	* * *
Bombeamento a partir de balsa	* *	* *	* *	* * *	* *
Sistema robotizado	* * * *	*	* *	* *	* * * *

Escala: * * * * Maior → → → * Menor
Fonte: Gonçalves et al (1999)

REFERÊNCIAS BIBLIOGRÁFICAS

ABDEL-RAZIK, M.H. (1991). *Dynamic modelling of facultative waste stabilization ponds.* PhD Thesis, Imperial College, 1991.

ABNT (1991). *Projeto de normas para projeto hidráulico-sanitário de lagoas de estabilização.* Minuta do projeto.

AGUNWAMBA, J.C. et al. (1992). Prediction of the dispersion number in waste stabilization ponds. *Water Research,* **26** (85).

ALEM SOBRINHO, P., RODRIGUES, M.M. (sem data). Contribuição ao projeto de sistemas de lagoas aeradas aeróbias para o tratamento de esgotos domésticos. *Revista DAE*, p. 45-62.

ARCEIVALA, S.J. (1981). *Wastewater treatment and disposal.* Marcel Dekker, New York. 892 p.

AYRES, R.M., ALABASTER, G.P., MARA, D.D., LEE, D.L. (1992). A design equation for human intestinal nematode egg removal in waste stabilization ponds. *Water Research*, **26** (6), pp. 863-865.

BRITO, M.C.S.O.M., VON SPERLING, M., CHERNICHARO, C.A.L. (1999). Características do lodo acumulado em uma lagoa chicaneada tratando efluentes de um reator UASB. In: *Congresso Brasileiro de Engenharia Sanitária e Ambiental*, **20**, Rio de Janeiro, 10-14 Maio 1999, p. 913-919.

BRITO, M.C.S.O.M., CHERNICHARO, C.A.L., VON SPERLING, M. (2000). Relação entre as temperaturas da água e do ar em uma lagoa de maturação na região Sudeste do Brasil. In: *IX SILUBESA - Simpósio Luso-Brasileiro de Engenharia Sanitária e Ambiental*, Porto Seguro – BA, 9 a 14 Abril 2000. Anais eletrônicos.

CATUNDA, P.F.C., VAN HAANDEL, A.C, LETTINGA, G. (1994). Post treatment of anaerobically treated sewage in waste stabilization ponds. In: *Anaerobic digestion, 7th Symposium*, Capetown, África do Sul ,p. 405-415.

CAVALCANTI, P.F.F., VAN HAANDEL, A.C, KATO, M.T., VON SPERLING, M., LUDUVICE, M.L., MONTEGGIA, L.O. (2001). Capítulo 3: Pós-tratamento de efluentes de reatores anaeróbios por lagoas de polimento. In: CHERNICHARO, C.A.L. (coordenador). *Pós-tratamento de efluentes de reatores anaeróbios*. PROSAB/ABES, Rio de Janeiro. p. 105-170.

CETESB (1989). *Operação e manutenção de lagoas anaeróbias e facultativas*. Companhia de Tecnologia de Saneamento Ambiental, São Paulo. 91 p.

COUNCIL OF THE EUROPEAN COMMUNITIES (1991). Council Directive of 21 May 1991 concerning urban waste water treatment (91/271/EEC). *Official Journal of the European Communities*, No. L 135/40.

CRESPO, P.G. (1995). *Tratamento de esgotos: projeto e operação. Os fundamentos*. Apostila. Departamento de Engenharia Sanitária e Ambiental, UFMG.

CRITES, R., TCHOBANOGLOUS, G. (2000). *Tratamiento de aguas residuales en pequeñas poblaciones*. McGraw-Hill, Colômbia. 776 p.

ECKENFELDER Jr., W.W. (1980). *Principles of water quality management*. CBI, Boston. 717 p.

EPA (1983). *Design manual. Municipal wastewater stabilization ponds*. United States Environmental Protection Agency. 327 p.

GONÇALVES, R. (coord) (1999). *Gerenciamento do lodo de lagoas de estabilização não mecanizadas*. PROSAB – Programa de Pesquisa em Saneamento Básico. ABES, Rio de Janeiro. 80 p.

GONÇALVES, R.F., NASCIMENTO, C.G., LIMA, M.R.P. (1999). Capítulo 5. Remoção do lodo das lagoas. In: GONÇALVES, R. (coord). *Gerenciamento do lodo de lagoas de estabilização não mecanizadas*. PROSAB – Programa de Pesquisa em Saneamento Básico. ABES, Rio de Janeiro. 80 p.

GONÇALVES, R.F., SILVA, V.V., TAVEIRA, E.J.A., OLIVEIRA, F.F. (2000). Algae and nutrient removal in anaerobic-facultative pond system with a compact physical-chemical process. In: *I Conferencia Latinoamericana de lagunas de estabilizacion y reuso*. Cali, 24-27 Outubro 2000, pp. 168-176.

JORDÃO, E.P. & PESSÔA, C.A. (1995). *Tratamento de esgotos domésticos*. ABES, 3ª ed, 683 p.

KELLNER, E., PIRES, E.C. (1998). *Lagoas de estabilização: projeto e operação*. Rio de Janeiro, ABES. 244 p.

KELLNER, E., PIRES, E.C. (1999). Desenvolvimento de modelo matemático para determinação do perfil vertical de temperatura e do volume útil de lagoas de estabilização. *Revista Engenharia Sanitária e Ambiental*, Vol. 4, no 1, ABES. pp. 84-92.

KÖNIG, A.M. (2000). Biologia de las lagunas de estabilisación: algas. In: MENDONÇA, S.R. Sistemas de lagunas de estabilización. McGraw-Hill. Colômbia.

MARA, D.D. (1995). Waste stabilization ponds: effluent quality requirements and implications for process design. In: *3rd IAWQ International Specialist Conference. Waste stabilization ponds: technology and applications*. João Pessoa, PA, 27-31 Março 1995.

MARA, D.D. (1996). Low-cost wastewater treatment in waste stabilisation ponds and waste stabilisation reservoirs in Brazil. In: *Seminário internacional: Tendências no tratamento simplificado de águas residuárias domésticas e industriais*. Belo Horizonte, 6-8 março 1996. DESA-UFMG.

MARA, D.D. (1997). *Design manual for waste stabilisation ponds in India*. Lagoon Technology International Ltd. Leeds.

MARA, D.D., ALABASTER, G.P., PEARSON, H.W., MILLS, S.W. (1992). *Waste staibilisation ponds. A design manual for Eastern Africa*. Lagoon Technology International. Leeds. 121 pp.

MARAIS, G.v.R. (1974). Faecal bacteria kinetics in stabilisation ponds. *J. Env. Eng. Div., ASCE,* **100** (EE1), p. 119.

MENDONÇA, S.R. (1990). *Lagoas de estabilização e aeradas mecanicamente: novos conceitos*. João Pessoa. 385 p.

MENDONÇA, S.R. (2000). *Sistemas de lagunas de estabilización*. McGraw-Hill. Colômbia. 370p.

METCALF & EDDY, Inc. (1991). *Wastewater engineering. treatment, disposal, reuse*. 3.ed. Mc Graw-Hill.

OLIVEIRA, F.F., GONÇALVES, R.F. (1995). Readaptação de ETEs com lagoas de estabilização facultativas a padrões rigorosos de qualidade através de biofiltros aerados submersos. In: *Congresso Brasileiro de Engenharia Sanitária e Ambiental*, 18, Salvador, 17-22 setembro 1995. ABES.

ORAGUI, J.I., CAWLEY, L., ARRIDGE, H.M., MARA, D.D., PEARSON, H.W., SILVA, S.A. (1995). Pathogen removal kinetics in a tropical experimental waste stabilisation pond in relation to organic loading, retention time and pond geometry. In: *3rd IAWQ International Specialist Conference. Waste stabilization ponds: technology and applications*. João Pessoa, PA, 27-31 Março 1995.

PANO, A., MIDDLEBROOKS, E.J. (1982). Ammonia nitrogen removal in facultative wastewater stabilisation ponds. *Journal of the Water Pollution Control Federation*, **54** (4), pp. 344-351.

PEARSON, H.W., MARA, D.D., ARRIDGE, H.A. (1995). The influence of pond geometry and configuration on facultative and maturation waste stabilisation pond performance and efficiency. *Wat. Sci. Tech.*, **31** (12), pp. 129-139.

POLPRASERT, C., AGARWALLA, B.K. (1994). A facultative pond model incorporating biofilm activity. *Water Environment Research*, 66 (5), p. 725.

POLPRASERT, C., BHATTARAI, K.K. (1985). Dispersion model for waste stabilization ponds. *J. Env. Eng. Div., ASCE*, **111**, p. 45.

PÖPEL, H.J. (1979). *Aeration and gas transfer*. 2. ed. Delft, Delft University of Technology. 169 p.

SILVA Jr., C., SASSON, S. (1993). *Biologia 2: Seres vivos, estrutura e função*.(Cesar e Sezar). Atual Editora, São Paulo, 2ª ed. 382 p.

SILVA, M.O.S.A. (1993). *Lagoas de estabilização*. Curso ABES-MG. Belo Horizonte, 22-25 novembro 1993.

SILVA, S.A., MARA, D.D. (1979). *Tratamentos biológicos de águas residuárias: lagoas de estabilização*. ABES, Rio de Janeiro. 140 p.

SOARES, C.A.L. (1995). *Curso básico de esgotos. Módulo III. Tratamento*. ABES-MG, março 1995.

SOARES, J., SILVA, S.A., OLIVEIRA, R., ARAÚJO, A.L.C., MARA, D.D., PEARSON, H.W. (1995). Ammonia removal in a pilot-scale WSP complex in Northeast Brazil. In: *3rd IAWQ International Specialist Conference. Waste stabilization ponds: technology and applications*. João Pessoa, PA, 27-31 Março 1995.

THIRUMURTI, D. (1969). Design of waste stabilization ponds. *J. San. Eng. Div., ASCE*, vol. 95, no. AS2.

VAN BUUREN, J.J.L., FRIJNS, J.A.G., LETTINGA, G. (1995). *Wastewater treatment and reuse in developing countries*. Wageningen Agricultural University.

VAN HAANDEL, A.C., LETTINGA, G. (1994). *Tratamento anaeróbio de esgotos. Um manual para regiões de clima quente.*

VICTORETTI, B.A. (1975). Capítulo 11: Manutenção e operação de lagoas de estabilização. In: *Lagoas de estabilização.* 2ª ed. CETESB, São Paulo.

VIDAL, W.L. (1983). Aperfeiçoamentos hidráulicos no projeto de lagoas de estabilização, visando redução da área de tratamento: uma aplicação prática. In: *Congresso Brasileiro de Engenharia Sanitária e Ambiental*, 12, Camboriú, 20-25 novembro 1983. ABES.

VON SPERLING, M. (1983). *Autodepuração dos cursos d'água.* Dissertação de mestrado, DES- EEUFMG. 366 p.

VON SPERLING, M. (1995). Design of facultative ponds based on the uncertainty analysis. *Water Science and Technology*, **33** (7). pp. 41-47.

VON SPERLING, M. (1996). *Introdução à qualidade das águas e ao tratamento de esgotos.* 2ª ed. DESA-UFMG, 243 p.

VON SPERLING, M. (1999). Performance evaluation and mathematical modelling of coliform die-off in tropical and subtropical waste stabilization ponds. *Water Research*, **33** (6). pp. 1435-1448.

VON SPERLING, M. (2001). Remoção de DBO em 12 lagoas de estabilização primárias e secundárias no Sudeste do Brasil. In: IX Simpósio Luso-Brasileiro de Engenharia Sanitária e Ambiental - SILUBESA, Anais eletrônicos, Porto Seguro, abril 2001.

VON SPERLING, M. (2002a). Relationship between first-order decay coefficients in ponds, according to plug flow, CSTR and dispersed flow regimens. *Water Science and Technology*, **45** (1). pp. 17-24.

VON SPERLING, M. (2002b). Influence of the dispersion number on the estimation of faecal coliform removal in ponds. In: *5th International IWA Specialist Group Conference on Waste Stabilisation Ponds*. Auckland, New Zealand, 2-5 Abril 2002.

VON SPERLING, M., CHERNICHARO, C.A.L., SOARES, A.M.E., ZERBINI, A.M. (2002a). Coliform and helminth eggs removal in a combined UASB reactor – baffled pond system in Brazil: performance evaluation and mathematical modelling. *Water Science and Technology*, **45** (10). pp. 237-242.

VON SPERLING, M., CHERNICHARO, C.A.L., SOARES, A.M.E , ZERBINI, A.M. (2002b). Evaluation and modelling of helminth eggs removal in baffled and unbaffled ponds treating anaerobic effluent. In: *5th International IWA Specialist Group Conference on Waste Stabilisation Ponds*. Auckland, New Zealand, 2-5 Abril 2002.

WEF (1990). *Operation of municipal wastewater treatment plants*. MOP 11, Vol. 2. Water Environment Federation.

WHO (1989). *Health guidelines for the use of wastewater in agriculture and aquaculture.* Technical Report Series 778. Geneva: World Health Organization.

WPCF (1990). *Natural systems for wastewater treatment. Manual of Practice FD-16.* Water Pollution Control Federation. Alexandria. 270 p.

YANEZ, F. (1993). *Lagunas de estabilizacion. Teoria, diseño y mantenimiento*. ETAPA, Cuenca, Equador, 421 p.